# 建筑工程管理与实务

## 案例通关题集

嗨学网考试命题研究组 ◎编

北京理工大学出版社

版权专有　侵权必究

### 图书在版编目（CIP）数据

建筑工程管理与实务. 案例通关题集 / 嗨学网考试命题研究组编. -- 北京：北京理工大学出版社，2024.6.
ISBN 978-7-5763-4279-6

Ⅰ. TU71-44

中国国家版本馆 CIP 数据核字第 2024ZK2174 号

责任编辑：王梦春　　　　　　　文案编辑：邓　洁
责任校对：刘亚男　　　　　　　责任印制：边心超

出版发行 / 北京理工大学出版社有限责任公司
社　　址 / 北京市丰台区四合庄路 6 号
邮　　编 / 100070
电　　话 /（010）68944451（大众售后服务热线）
　　　　　（010）68912824（大众售后服务热线）
网　　址 / http://www.bitpress.com.cn

版印次 / 2024 年 6 月第 1 版第 1 次印刷
印　　刷 / 天津市永盈印刷有限公司
开　　本 / 787 mm × 1092 mm　1/16
印　　张 / 9.25
字　　数 / 208 千字
定　　价 / 58.00 元

图书出现印装质量问题，请拨打售后服务热线，本社负责调换

# 目录 CONTENTS

| 案例 1 | 1 | 案例 23 | 37 |
| 案例 2 | 2 | 案例 24 | 39 |
| 案例 3 | 4 | 案例 25 | 40 |
| 案例 4 | 5 | 案例 26 | 42 |
| 案例 5 | 7 | 案例 27 | 44 |
| 案例 6 | 9 | 案例 28 | 46 |
| 案例 7 | 10 | 案例 29 | 47 |
| 案例 8 | 12 | 案例 30 | 50 |
| 案例 9 | 13 | 案例 31 | 51 |
| 案例 10 | 15 | 案例 32 | 53 |
| 案例 11 | 17 | 案例 33 | 54 |
| 案例 12 | 18 | 案例 34 | 55 |
| 案例 13 | 20 | 案例 35 | 57 |
| 案例 14 | 22 | 案例 36 | 58 |
| 案例 15 | 24 | 案例 37 | 60 |
| 案例 16 | 26 | 案例 38 | 62 |
| 案例 17 | 27 | 案例 39 | 64 |
| 案例 18 | 29 | 案例 40 | 66 |
| 案例 19 | 30 | 案例 41 | 68 |
| 案例 20 | 32 | 案例 42 | 70 |
| 案例 21 | 33 | 案例 43 | 71 |
| 案例 22 | 36 | 案例 44 | 74 |

| | | | |
|---|---|---|---|
| 案例 45 ……… 75 | 案例 53 ……… 91 |
| 案例 46 ……… 77 | 案例 54 ……… 92 |
| 案例 47 ……… 79 | 案例 55 ……… 94 |
| 案例 48 ……… 81 | 案例 56 ……… 96 |
| 案例 49 ……… 83 | 案例 57 ……… 98 |
| 案例 50 ……… 85 | 案例 58 ……… 100 |
| 案例 51 ……… 87 | |
| 案例 52 ……… 89 | 参考答案 ……… 103 |

## 案例 1

【背景资料】

某新建住宅楼工程,建筑面积12000m²,地下1层,地上11层,混合结构。

施工单位项目部进场前,按质量管理手册要求,针对工程质量问题分类制定了专项防治方案。在工程质量缺陷防治方案中,因严重缺陷对结构构件的使用功能等方面有决定性影响,为此,项目部提出具体控制措施。

项目部对二层一单向板验收楼板钢筋绑扎,检查时发现:上下层的钢筋网钢筋交叉点均进行了相隔交错扎牢,所有绑扎点的钢丝扣方向一致。对此,项目部提出整改要求。

施工员在砌筑工程施工技术交底中要求,先砌筑墙体、再砌筑砖垛,砖垛每隔2皮与砖墙搭砌,砖柱选用至少1/2砖长砌筑。砖柱砌筑应保证砖柱外表面上下皮垂直灰缝相互错开1/4砖长,并不得采用包心砌法。

项目部工程测量专项方案包括采用国家现行的平面坐标系统及高程标准和时间基准,从地下室砌筑完成后开始到正常施工完成期间,按计划定期对工程进行沉降观测。

【问题】

1.指出楼板钢筋绑扎的不妥之处,并写出正确做法。写出板、次梁与主梁交叉处,钢筋的布置位置。

2.指出砌筑工程施工技术交底中的不妥之处,并写出正确做法。

3.采用的时间基准是什么？施工沉降观测的周期和时间要求有哪些？

# 案例 2

【背景资料】

某新建住宅小区，单位工程分别为地下2~3层，地上2~12层，总建筑面积12.5万$m^2$。

施工总承包单位项目部为落实住房和城乡建设部《房屋建筑和市政基础设施工程危及生产安全施工工艺、设备和材料淘汰目录（第一批）》要求，在施工组织设计中明确了建筑工程禁止和限制使用的施工工艺、设备和材料，相关信息见表1。

表1 房屋建筑工程危及生产安全的淘汰施工工艺、设备和材料（部分）

| 名称 | 淘汰类型 | 限制条件和范围 | 可替代的施工工艺、设备、材料 |
| --- | --- | --- | --- |
| 现场简易制作钢筋保护层垫块工艺 | 禁止 | — | 专业化压制设备和标准模具生产垫块工艺等 |
| 卷扬机钢筋调直工艺 | 禁止 | — | E |
| 饰面砖水泥砂浆粘贴工艺 | A | C | 水泥基粘结材料粘贴工艺等 |
| 龙门架、井架物料提升机 | B | D | F |
| 白炽灯、碘钨灯、卤素灯 | 限制 | 不得用于建设工地的生产、办公、生活等区域的照明 | G |

某配套工程地上1~3层结构柱混凝土的设计强度等级为C40。于2022年8月1日浇筑1F柱，8月6日浇筑2F柱，8月12日浇筑3F柱，分别留置了一组C40混凝土同条件养护试件。1F、2F、3F柱同条件养护试件在规定等效龄期内（自浇筑日起）进行抗压强度试验，其试验强度值转换成实体混凝土抗压强度评定值分别为38.5N/$mm^2$、54.5N/$mm^2$、47.0N/$mm^2$。施工现场8月份日平均气温记录见表2。

**表2   施工现场8月份日平均气温记录表**

| 日期 | 1 | 2 | 3 | 4 | 5 | 6 | 7 | 8 | 9 | 10 | 11 |
|---|---|---|---|---|---|---|---|---|---|---|---|
| 日平均气温℃ | 29 | 30 | 29.5 | 30 | 31 | 32 | 33 | 35 | 31 | 34 | 32 |
| 累计气温℃ | 29 | 59 | 88.5 | 118.5 | 149.5 | 181.5 | 214.5 | 249.5 | 280.5 | 314.5 | 346.5 |
| 日期 | 12 | 13 | 14 | 15 | 16 | 17 | 18 | 19 | 20 | 21 | 22 |
| 日平均气温℃ | 31 | 32 | 30.5 | 34 | 33 | 35 | 35 | 34 | 34 | 36 | 35 |
| 累计气温℃ | 377.5 | 409.5 | 440 | 474 | 507 | 542 | 577 | 611 | 645 | 681 | 716 |
| 日期 | 23 | 24 | 25 | 26 | 27 | 28 | 29 | 30 | 31 | | |
| 日平均气温℃ | 34 | 35 | 36 | 36 | 35 | 36 | 35 | 34 | 34 | | |
| 累计气温℃ | 750 | 785 | 821 | 857 | 892 | 928 | 963 | 997 | 1031 | | |

项目部填充墙施工记录中留存有包含施工放线、墙体砌筑、构造柱施工、卫生间坎台施工等工序的图像资料,详见图1(a)~(d)。

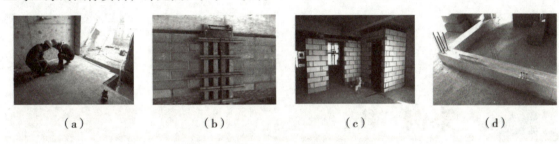

（a）　　　　　　（b）　　　　　　（c）　　　　　　（d）

**图1   填充墙施工记录图像资料**

【问题】

1.补充表1中A~G处的信息。

2.分别写出配套工程1F、2F、3F柱C40混凝土同条件养护试件的等效龄期(d)和日平均气温累计数(℃·d)。

3.两种混凝土强度检验的评定方法是什么？1F~3F柱C40混凝土实体强度评定是否合格？并写出评定理由。（合格评定系数 $\lambda_3$=1.15、$\lambda_4$=0.95）

4.分别写出填充墙施工记录图1（a）~（d）的工序内容。写出四张图片的施工顺序（如1-2-3-4）。

## 案例 3

【背景资料】

某施工单位承建一高档住宅楼工程。住宅楼采用钢筋混凝土剪力墙结构，地下2层，地上26层，建筑面积36000m²，施工单位项目部根据该工程特点，编制了"施工期变形测量专项方案"，明确了建筑变形测量精度等级为一等，规定了两类变形测量基准点设置均不少于4个。首层楼板混凝土出现明显的塑态收缩现象，导致混凝土结构表面产生收缩裂缝。项目部质量专题会议分析其主要原因是骨料含泥量过大和水泥及掺合料的用量超出规范要求等，要求及时采取防治措施。

二次结构填充墙施工时，为抢工期，项目工程部门安排作业人员将刚生产7d的蒸压加气混凝土砌块用于砌筑作业，要求砌体灰缝厚度、饱满度等质量满足要求。后被监理工程师发现，责令停工整改。

项目经理巡查到二层样板间时，地面瓷砖铺设施工人员正按照基层处理、放线、浸砖等工艺流程进行施工。

项目经理检查了施工质量，强调后续工作要严格按照正确的施工工艺作业，铺装完成28d后，用专用勾缝剂勾缝，使勾缝清晰、顺直，保证地面整体质量。

【问题】

1.建筑变形测量精度分几个等级？变形测量基准点分为哪两类？其基准点设置要求有哪些？

2.除塑态收缩外，还有哪些收缩现象易导致混凝土结构表面产生收缩裂缝？收缩裂缝产生的原因还有哪些？

3.蒸压加气混凝土砌块使用时要求的龄期和含水率应是多少？写出水泥砂浆砌筑蒸压加气混凝土砌块的灰缝质量要求。

4.地面瓷砖面层施工工艺流程内容还有哪些？瓷砖勾缝质量要求还有哪些？

# 案例 4

【背景资料】

某新建医院工程，地下2层，地上8~16层，总建筑面积11.8万 $m^2$。基坑深度9.8m，沉管灌注桩基础，钢筋混凝土结构。

施工单位在桩基础专项施工方案中，根据工程所在地土质含水量较小的特点，确定沉管灌注桩选用单打法成桩工艺，其成桩过程包括桩机就位、锤击（振动）沉管、上料等工作内容。

基础底板大体积混凝土浇筑方案确定了包括环境温度、底板表面与大气温差等多项温度控制指标；明确了温控监测点布置方式，要求沿底板厚度方向的测温点间距不大于500mm。

施工作业班组在一层梁、板混凝土强度未达到拆模标准（表3）的情况下，进行了部分模板拆除；拆模后，发现梁底表面出现了夹渣、麻面等质量缺陷。监理工程师要求进行整改。

表3 底模及支架拆除的混凝土强度要求

| 构件类型 | 构件跨度（m） | 达到设计的混凝土立方体抗压强度标准值的百分率（%） |
| --- | --- | --- |
| 板 | ≤2 | ≥A |
| | >2，≤8 | ≥B |
| | >8 | ≥100 |
| 梁 | ≤8 | ≥75 |
| | >8 | ≥C |

装饰工程施工前，项目部按照图纸"三交底"的施工准备工作要求，安排工长向班组长进行了图纸、施工方法和质量标准交底；施工中，项目部认真执行包括工序交接检查等内容的"三检制"，做好质量管理工作。

【问题】

1. 沉管灌注桩施工除单打法外，还有哪些方法？成桩过程还有哪些内容？

2. 大体积混凝土施工温控指标还有哪些？沿底板厚度方向的测温点应布置在什么位置？

3.混凝土容易出现哪些表面缺陷?写出表3中A、B、C处要求的数值。

4.装饰工程图纸"三交底"是什么(如:工长向班组长交底)?工程施工质量管理"三检制"指什么?

## 案例 5

【背景资料】

某新建住宅群体工程,包含10栋装配式高层住宅,5栋现浇框架小高层公寓,1栋社区活动中心及地下车库,总建筑面积31.5万m³,开发商通过邀请招标确定甲公司为总承包施工单位。开工前,项目部综合工程设计、合同条件、现场场地分区移交、陆续开工等因素编制本工程施工组织总设计,其中施工进度总计划在项目经理领导下编制,在编制过程中,项目经理发现该计划编制说明中仅有编制的依据,未体现计划编制应考虑的其他要素,要求编制人员将内容补充完整。社区活动中心开工后,由项目技术负责人组织。专业工程师根据施工进度总计划编制社区活动中心施工进度计划。内部评审中,项目经理提出C、G、J工作由于工艺特殊需要共同租赁一台施工机具,在B、E工作按计划完成的前提下,考虑该机具租赁费用较高,尽量连续施工,要求对进度计划进行调整。经调整,最终形成既满足工期要求,又经济可行的进度计划。社区活动中心调整后的部分施工进度计划如图2所示。

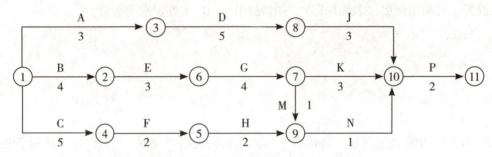

图2 社区活动中心施工进度计划（部分）（单位：d）

公司对项目部进行月度生产检查时发现，因受连续小雨影响，D工作实际进度较计划进度滞后2d，要求项目部在分析原因的基础上制定进度事后控制措施。本工程完成全部结构施工内容后，在主体结构验收前，项目部制定了结构实体检验专项方案，并委托具有相应资质的检测单位在监理单位的见证下，对涉及混凝土结构安全的、有代表性的部位进行钢筋保护层厚度等检测，经检测，检测项目全部合格。

【问题】

1.指出背景资料中施工进度计划编制中的不妥之处。施工进度总计划编制说明还包含哪些内容？

2.列出图2调整后有变化的逻辑关系（以工作节点表示，如：①→②或②→③）。计算调整后的总工期，列出关键线路（以工作名称表示，如：A→D）。

3.按照施工进度事后控制要求，社区活动中心应采取的措施有哪些？

4.主体结构混凝土子分部工程包含哪些分项工程?结构实体检验还应包含哪些检测项目?

## 案例 6

【背景资料】

招标文件的内容强调"投标人为本省具有一级资质证书的企业,投标保证金为500万元,工程质量为合格",投标有效期从3月1日到4月15日。招标人对投标人提出的疑问,以书面形式回复对应的投标人。5月17日与中标人以1.7亿元的中标价签订合同,约定工程质量为优良。

发包人负责采购的装配式混凝土构件,提前一个月运抵合同约定的施工现场,监理单位会同施工单位对构件进行清点验收,构件最终验收合格。为了节约场地,承包人将构件集中堆放,由于堆放层数过多,导致下层部分构件出现裂缝。两个月后,发包人在承包人准备安装此构件时知悉此事。发包人要求施工方检验构件并赔偿损失,施工方以材料早到场为由,拒绝赔偿。

施工单位没有进行隐蔽验收就直接施工,监理要求验收。

静压力桩,按照"先深后浅、先大后小、先长后短、先密后疏"的顺序施工,使用抱箍式方法接桩,接头高出地面0.8m,存在部分Ⅱ类桩。

【问题】

1.指出招投标过程中的不妥之处。

2.施工方拒绝赔偿的做法是否合理？并说明理由。施工方可获得几个月的材料保管费赔偿？

3.叠合板钢筋隐蔽验收检验项目包括哪些？材料的验证除了型号和外观检查外，还应验证什么内容？材料质量控制还有哪些环节？

4.静压力桩的施工顺序是否正确？静压力桩接头有何不妥之处？桩基分为几类？Ⅱ类桩的特点是什么？

# 案例 7

【背景资料】

某新建办公楼工程，地下2层，地上20层，框架-剪力墙结构，建筑高度87m。建设单位通过公开招标选定了施工总承包单位并与之签订了工程施工合同。工程基坑深7.6m，基础底板施工计划网络图见图3。

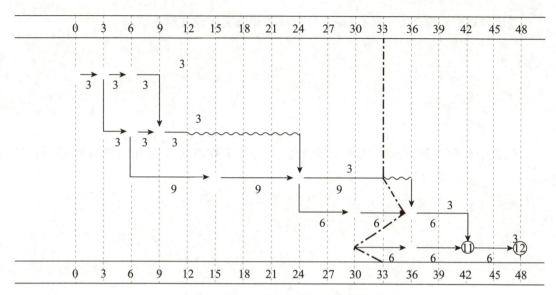

**图3 基础底板施工计划网络图**

基坑施工前,基坑支护专业施工单位编制了基坑支护专项方案,履行相关审批签字手续后,组织包括总承包单位技术负责人在内的5名专家对该专项方案进行专家论证,总监理工程师提出专家论证组织不妥,要求施工单位整改。

项目部在施工至第33d时,对施工进度进行了检查,实际施工进度如网络图中实际进度前锋线所示,后项目部对进度有延误的工作采取了改进措施。

项目部对装饰装修工程门窗子分部工程进行过程验收时,检查了塑料门窗安装等各分项工程,并验收合格;检查了外窗气密性能等有关安全和功能检测项目的合格报告,观感质量符合要求。

【问题】

1.指出基坑支护专项方案论证的不妥之处,应参加专家论证会的单位还有哪些?

2.指出网络图中各施工工作的流水节拍,如采用成倍节拍流水施工,计算各施工工作专业队数量。

3.进度计划监测检查方法还有哪些？写出第33d的实际进度检查结果。

4.门窗子分部工程还包括哪些分项工程？门窗工程有关安全和功能检测的项目还有哪些？

## 案例 8

【背景资料】

某新建高层住宅工程，建筑面积16000m²。地下1层，地上12层，二层以下为现浇钢筋混凝土结构，二层以上为装配式混凝土结构，预制墙板钢筋采用套筒灌浆连接施工工艺。

施工总承包合同签订后，施工单位项目经理遵循项目质量管理程序，按照质量管理PDCA循环工作方法持续改进质量工作。

监理工程师在检查土方回填施工时发现：回填土料混有建筑垃圾；土料铺填厚度大于400mm；采用振动压实机压实2遍成活；每天将回填的2~3层用环刀法取的土样统一送检测单位检测压实系数。监理工程师对此提出整改要求。

"后浇带施工专项方案"中确定：模板独立支设；剔除模板用钢丝网；因设计无要求，基础底板后浇带10d后封闭等。

监理工程师在检查第4层外墙板安装质量时发现：钢筋套筒灌浆连接满足规范要求；留置了3组边长为70.7mm的立方体灌浆料标准养护试件；留置了1组边长为70.7mm的立方体坐浆料标准养护试件；施工单位选取第4层外墙板竖缝两侧11m²的部位在现场进行淋水试验，监理工程师对此要求整改。

【问题】

1.指出土方回填施工中的不妥之处,并写出正确做法。

2.指出"后浇带施工专项方案"中的不妥之处,并写出后浇带混凝土施工的主要技术措施。

3.指出第4层外墙板施工中的不妥之处,并写出正确做法。装配式混凝土构件钢筋套筒灌浆连接的质量要求有哪些?

# 案例 9

【背景资料】

某新建住宅工程项目,建筑面积23000m²,地下2层,地上18层,现浇钢筋混凝土剪力墙结构,项目实行施工总承包管理。

施工总承包单位项目部技术负责人组织编制了项目质量计划,由项目经理审核后报监理单位审批,该质量计划要求建立的施工过程质量管理记录有使用机具和检验、测量及试验设备管理记录,质量检查和整改、复查记录,质量管理文件记录及规定的其他记录等。监理工程师对此提出了整改要求。

施工前,项目部根据本工程施工管理和质量控制需要,对分项工程按照工种等条件,检验批按照楼层等条件，分别制定了分项工程和检验批划分方案，报监理单位审核。

该工程的外墙保温材料和粘接材料等进场后，项目部会同监理工程师核查了其导热系数、燃烧性能等质量证明文件，在监理工程师见证下，对保温、粘接和增强材料进行了复验取样。

项目部针对屋面卷材防水层出现的起鼓（直径＞300mm）问题，制定了割补法处理方案。方案规定了修补工序，并要求按照先铲除保护层、把空鼓卷材割除、将基层清理干净等修补工序依次进行处理整改。

【问题】

1.项目部编制质量计划的做法是否妥当？质量计划中管理记录还应该包括哪些内容？

2.分别指出分项工程和检验批划分的条件还有哪些？

3.外墙保温材料、粘结材料和增强材料的复试项目有哪些？

4.卷材鼓泡采用割补法治理的工序依次还有哪些？

## 案例 10

某新建住宅小区，单位工程分别为地下2层，地上9~12层，总建筑面积15.5万m²。各单位为贯彻落实《建设工程质量检测管理办法》（住房和城乡建设部令第57号）要求，在工程施工质量检测管理中做了以下工作：

（1）建设单位委托具有相应资质的检测机构负责本工程质量检测工作；

（2）监理工程师对混凝土试样制作与送检进行了见证。试验员如实记录了其取样、现场检测等情况，制作了见证记录；

（3）混凝土试样送检时，试验员向检测机构填报了检测委托单；

（4）总包项目部按照建设单位要求，每月向检测机构支付当期检测费用。

地下室混凝土模板拆除后，发现混凝土墙体、楼板面存在蜂窝、麻面、露筋、裂缝、孔洞和层间错台等质量缺陷。质量缺陷图样资料详见图4（a）~（f）。项目部按要求制定了质量缺陷处理专项方案，按照"凿除孔洞松散混凝土……剔除多余混凝土"的工艺流程进行孔洞质量缺陷治理。

图4 质量缺陷图样资料

项目部编制的基础底板混凝土施工方案中确定了底板混凝土后浇带留设的位置，明确了后浇带处的基础垫层、卷材防水层、防水加强层、防水找平层、防水保护层、止水钢板、外贴止水带等防水构造要求（图5）。

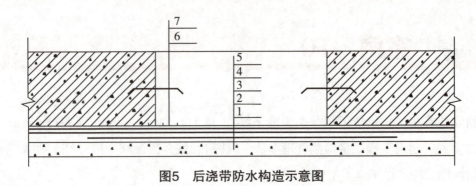

图5 后浇带防水构造示意图

【问题】

1.指出工程施工质量检测管理工作中的不妥之处,并写出正确做法(本问题有2项不妥,多答不得分)。混凝土试样制作与取样见证记录还有哪些?

2.写出图4-1~图4-6质量缺陷的名称(表示为图4-1-麻面)。

3.写出图5中防水构造层编号表示的构造名称(表示为1-基础垫层)。

4.补充完整混凝土表面孔洞质量缺陷治理工艺流程的内容。

## 案例 11

【背景资料】

某办公楼工程,建筑面积45000m²,地下2层,地上26层,框架-剪力墙结构,基础底标高为-9.0m,由主楼和附属用房组成。基坑支护采用复合土钉墙,地质资料显示,该开挖区域为粉质黏土且局部有滞水层。施工过程中发生了下列事件:

事件一:监理工程师在审查"复合土钉墙边坡支护方案"时,对方案中制定的采用钢筋网喷射混凝土面层、混凝土终凝时间不超过4小时等构造做法及要求提出了整改完善的要求。

事件二:项目部在编制的"项目环境管理规划"中,提出了包括现场文化建设、保障职工安全文明施工的工作内容。

事件三:监理工程师在检查消防工作时,发现一只手提式灭火器直接挂在工人宿舍外墙的挂钩上,其顶部离地面的高度为1.6m;食堂设置了独立制作间和冷藏设施,燃气罐放置在通风良好的杂物间。

事件四:在验收砌体子分部工程时,监理工程师发现有个别部位存在墙体裂缝。监理工程师对不影响结构安全的裂缝砌体进行了验收,对可能影响结构安全的裂缝砌体提出整改要求。

事件五:当地建设主管部门于10月17日对项目进行执法大检查,发现施工总承包单位项目经理为二级注册建造师。为此,当地建设主管部门作出对施工总承包单位进行行政处罚的决定;于10月21日在当地建筑市场诚信信息平台上作了公示;并于10月30日将确认的不良行为记录上报了住房和城乡建设部。

【问题】

1.事件一中,基坑土钉墙护坡面层的构造还应包括哪些技术要求?

2.事件二中,现场文明施工还应包括哪些工作内容?

3.事件三中,指出不妥之处并说明正确做法。手提式灭火器还有哪些放置方法?

4.事件四中,监理工程师的做法是否妥当?对可能影响结构安全的裂缝砌体应如何整改验收?

## 案例 12

【背景资料】

某新建商品住宅项目,建筑面积2.45万$m^2$。地下2层,地上16层,由两栋结构类型与建筑规模完全相同的单体建筑组成。总承包项目部进场后,绘制了进度计划网络图(图6)。项目部针对四个施工过程拟采用四个专业施工队组织流水施工,各施工过程的流水节拍见表4。

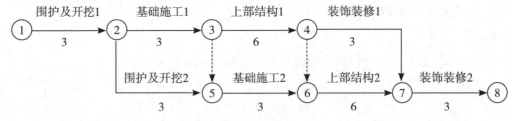

图6 项目进度计划网络图(单位:月)

建设单位要求缩短工期,项目部决定增加相应的专业施工队,组织成倍节拍流水施工。

项目部编制了施工检测试验计划,部分检测试验内容见表5。由于工期紧张,施工进度调整,监理工程师要求对检测试验计划进行调整。

表4 流水节拍（部分）

| 施工过程编号 | 施工过程 | 流水节拍（月） |
| --- | --- | --- |
| 1 | 围护及开挖 | 3 |
| 2 | 基础施工 | — |
| 3 | 上部结构 | — |
| 4 | 装饰装修 | 3 |

表5 施工过程质量检测试验主要内容（部分）

| 类别 | 检测试验项目 | 主要检测试验参数 |
| --- | --- | --- |
| 地基与基础 | 桩基 | A |
| | | 桩身完整性 |
| 钢筋连接 | 机械连接现场检验 | B |
| 砌筑砂浆 | C | 强度等级、稠度 |
| 装饰装修 | 饰面砖粘贴 | D |

工程部编制了雨期施工专项方案，内容包括：

（1）袋装水泥堆放在仓库地面；

（2）浇筑板、墙、柱混凝土时，可适当减少坍落度；

（3）室外露天采光井采用编织布覆盖固定；

（4）砌体每日砌筑高度不超过1.5m；

（5）抹灰基层涂刷水性涂料时，含水率不得大于10%。

项目主体结构完成后，总监理工程师组织施工单位项目负责人对主体结构分部工程进行验收。验收时发现部分同条件养护试样强度不符合要求，经协商采用回弹-取芯法对该批次对应的混凝土进行实体强度检验。

【问题】

1.写出图6的关键路线（采用节点方式表述，如①→②）和总工期。写出表4中基础施工和上部结构的流水节拍数。分别计算成倍节拍流水步距、专业施工队数和总工期。

2.写出表5中A、B、C、D处的内容。除了施工进度调整外,还有哪些情况需要调整施工检测试验计划?

3.指出雨期施工专项方案中的不妥之处,并写出正确做法。(本题有3项不妥,多答不得分)

4.主体结构分部工程的验收还应有哪些人员参加?结构实体检验除混凝土强度外还有哪些项目?

## 案例 13

【背景资料】

某施工企业中标一新建办公楼工程,地下2层,地上28层。采用钢筋混凝土灌注桩基础,上部为框架-剪力墙结构,建筑面积28600m²。

项目部在开工后编制了项目质量计划,内容包括质量目标和要求、管理组织体系及管理职责、质量控制点等,并根据工程进展实施静态管理。其中,设置质量控制点的关键部位和环节包括:影响施工质量的关键部位和环节;影响使用功能的关键部位和环节;采用新材料、新设备的部位和环节等。

桩基施工完成后，项目部采用高应变法按要求进行了工程桩桩身完整性检测，其抽检数量按照相关标准的规定选取。

钢筋施工专项技术方案中规定：采用专用量规等检测工具对钢筋直螺纹加工和安装质量进行检测。纵向受力钢筋采用机械连接或焊接接头时，接头面积百分率等要求如下：

（1）受拉接头不宜大于50%；

（2）受压接头不宜大于75%；

（3）直接承受动力荷载的结构构件不宜采用焊接；

（4）直接承受动力荷载的结构构件采用机械连接时，不宜超过50%。

项目部质量员在现场发现屋面卷材有流淌现象，经质量分析讨论，对产生屋面卷材流淌现象的原因分析如下：

（1）胶结料耐热度偏低；

（2）找平层的分格缝设置不当；

（3）胶结料粘结层过厚；

（4）屋面板因温度变化产生胀缩；

（5）卷材搭接长度太小。

针对分析的原因，整改方案采用钉钉子法在卷材上部离屋脊200～350mm范围内钉一排20mm长圆钉，钉眼涂防锈漆。

监理工程师认为屋面卷材流淌现象的原因分析和钉钉子法做法存在不妥，要求修改。

【问题】

1.指出项目质量计划编制和管理中的不妥之处，并写出正确做法。项目质量计划中应设置质量控制点的关键部位和环节还有哪些？

2.工程桩桩身完整性检测方法还有哪些？桩身完整性抽检数量的标准规定有哪些？

3.指出钢筋连接接头面积百分率等要求中的不妥之处，并写出正确做法（本问题有2项不妥，多答不得分）。现场钢筋直螺纹加工和安装质量检测专用工具还有哪些？

4.写出屋面卷材流淌原因分析中的不妥之处（本问题有3项不妥，多答不得分）。写出钉钉子法的正确做法。

## 案例 14

【背景资料】

某新建图书馆工程，地下1层，地上11层，建筑面积17000m²，框架结构。建设单位公开招标确定了施工总承包单位并签订了合同，合同约定工期为400日历天。质量目标为合格。

项目经理部根据住房和城乡建设部《施工现场建筑垃圾减量化指导图册》编制了专项方案。其中规定：施工现场源头减量措施包括设计深化、施工组织优化等。施工现场工程垃圾按材料化学成分分为金属类、无机非金属类、其他。包括废弃钢筋、混凝土、砂浆、钢管、铁丝、轻质金属夹芯板、水泥、石膏板等。

项目部为实现合同工期目标，编制了分阶段施工进度计划。某阶段施工进度计划见图7。

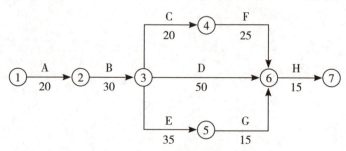

图7 施工进度计划网络图（单位：d）

项目部在第55d进行进度检查时发现：A工作按时完成，B工作刚结束，工期延后5d。项目部决定对该阶段施工进度计划进行调整，使工程按原计划目标完成。对各工作要素进行梳理后，形成"工作相关参数表"（表6）。

表6 工作相关参数表

| 序号 | 工作 | 最大可压缩时间（d） | 赶工费用（元/d） |
|---|---|---|---|
| 1 | C | 10 | 120 |
| 2 | D | 5 | 300 |
| 3 | E | 10 | 150 |
| 4 | F | 5 | 200 |
| 5 | G | 3 | 100 |
| 6 | H | 5 | 410 |

项目部组织地基与基础工程质量自检，发现地下防水子分部工程中的排水、灌浆工程技术资料不全，后经整改形成企业自评报告并报送监理，由监理组织该分部工程的质量验收。

【问题】

1.施工现场建筑垃圾的源头减量措施还有哪些？金属类和非金属类都有哪些材料？

2.赶工费用最低的方案花费多少？画出调整后的网络图，并写出关键线路（如：A→B→C）。

3.调整进度计划的方法有哪些？

4.地下防水子分部工程的分项工程有哪些内容？地基与基础工程验收的程序是什么？

## 案例 15

【背景资料】

某新建办公楼工程，地下1层，地上18层，总建筑面积2.1万$m^2$，钢筋混凝土核心筒结构，外框采用钢结构。

总承包项目部在工程施工准备阶段，根据合同要求编制了工程施工进度计划，如图8所示。在进度计划审查时，监理工程师提出在工作A和工作E中含有特殊施工技术，涉及知识产权保护，须由同一专业单位按先后顺序依次完成。项目部对原进度计划进行了调整，以满足工作A与工作E先后施工的逻辑关系。

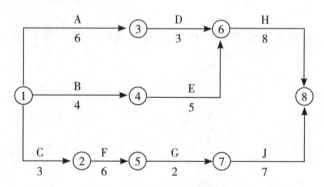

图8 工程施工进度计划网络图（单位：月）

外框钢结构工程开始施工时，总承包项目部质量员在巡检中发现，一种首次使用的焊接材料施焊部位存在焊缝未熔合、未焊透的质量缺陷，钢结构安装单位也无法提供其焊接工艺评定试验报告。总承包项目部要求立即暂停此类焊接材料的焊接作业，待完成焊接工艺评定后重新申请恢复施工。

工程完工后，总承包单位自检后认为：所含分部工程中有关安全、节能、环境保护和主要使用功能的检验资料完整,符合单位工程质量验收合格标准,报送监理单位进行预验收。监理工程师在检查后发现部分楼层C30混凝土同条件试件缺失,不符合实体混凝土强度评定要求等问题,将检验资料退回总承包单位,并要求其整改。

【问题】

1.画出调整后的工程施工进度计划网络图,并写出关键线路(以工作名称表示,如:A→B→C)。调整后的总工期是多少个月?

2.网络图的逻辑关系包括什么?网络图中虚工作的作用是什么?

3.哪些情况需要进行焊接工艺评定试验?焊缝缺陷还有哪些类型?

4.单位工程质量验收合格的标准有哪些?工程质量控制资料部分缺失时的处理方式是什么?

## 案例 16

【背景资料】

招标文件里清单钢筋分项综合单价是4433元/t，钢筋材料暂定价是2500元/t，工程量是260t。结算时钢筋实际使用量是250t，业主签字确认的钢筋材料单价是3500元/t，施工单位根据已确认的钢筋材料单价重新提交的钢筋分项综合单价是6206.2元/t。钢筋损耗率为2%。增值税及附加税率为11.5%。幕墙分包单位直接将竣工验收资料移交给建设单位（表7）。

表7 目标成本与实际成本对比表

| 项目 | 计划 | 实际 |
| --- | --- | --- |
| 产量（t） | 310 | 332 |
| 单价（元/t） | 970 | 980 |
| 损耗率（%） | 1.5 | 2 |
| 成本 | 305210.5 | 331867.2 |

土方挖运综合单价为25元/m³，基坑开挖过程中发现一个混凝土泄洪沟，外围尺寸为25m×4m×4m，壁厚均为400mm，拆除综合单价为520元/m³。

【问题】

1. 结算时钢筋的综合单价是多少？钢筋分项的结算价款是多少？

2. 分包单位提交竣工验收资料的过程是否正确？竣工验收资料的提交流程是什么？

3. 列式分析各个因素对实际成本的影响。

4.施工单位就土方挖运可向建设单位索要多少工程款?

# 案例 17

【背景资料】

某办公楼地下2层,地上18层,框架结构。地下建筑面积0.4万$m^2$,地上建筑面积2.1万$m^2$,某施工单位中标后派甲项目经理组织施工,施工至第5层时,公司安全部乙带队对项目进行了定期安全检查。检查过程依据标准JGJ 59的相关规定进行,项目安全总监也全程参加。检查结果如表8所示。

表8 建筑施工安全检查评分汇总表

| 工程名称 | 建筑面积(万$m^2$) | 结构类型 | 框架结构 | 总计得分 | | | | | | | | |
|---|---|---|---|---|---|---|---|---|---|---|---|---|
| | | | | 安全管理 | 文明施工 | 脚手架 | 基坑工程 | 模板支架 | 高处作业 | 施工用电 | 外用电梯 | 塔吊 | 施工机具 |
| 某办公楼 | (A) | 框架结构 | 检查前总分(B) | 10 | 15 | 10 | 10 | 10 | 10 | 10 | 10 | 10 | 5 |
| | | | 检查后总分(C) | 8 | 12 | 8 | 7 | 8 | 8 | 9 | — | 8 | 4 |
| | | | 评语:该项目安全检查总得分为(D)分,评定等级为(E) | | | | | | | | | | |
| 检查单位 | 公司安全部 | 负责人 | 乙 | 受检单位 | 某办公楼项目部 | | | 项目负责人 | (F) | | | | |

公司安全部在年初的安全检查规划中按照相关要求明确了对项目安全检查的主要形式,包括定期安全检查、开工、复工安全检查、季节性安全检查等,确保项目施工过程中全覆盖。进入夏季后,公司项目管理部对该项目工人宿舍和食堂进行了检查。个别宿舍内床铺均为2层,住有18人,设置有生活用品专用柜,窗户为封闭式窗户,人进入的通道宽度为0.8m。食堂办理了卫生许可证,炊事人员均有健康证,上岗符合个人卫生相关规定。检查后项目管

理部对工人宿舍的不足提出了整改要求,并限期达标。工程竣工后,根据合同要求,相关部门对该工程进行绿色建筑评价,评价指标中"生活便利"该分值低,施工单位将评分项"出行无障碍"等4项指标进行了逐一分析以便得到改善,评价分值如表9所示。

表9　某办公楼工程绿色建筑评价分值

| | 控制项基础分值 $Q_0$ | 评价指标及分值 | | | | | 提高与创新加分项分值 $Q_A$ |
| --- | --- | --- | --- | --- | --- | --- | --- |
| | | 安全耐久 $Q_1$ | 健康舒适 $Q_2$ | 生活便利 $Q_3$ | 资源节约 $Q_4$ | 环境宜居 $Q_5$ | |
| 评价分值 | 400 | 90 | 80 | 75 | 80 | 80 | 120 |

【问题】

1.写出表8中A~F所对应的内容(如A:*万m²),施工安全评定结论分几个等级,评价依据有哪些?

2.建筑施工安全检查还有哪些形式?

3.指出工人宿舍管理的不妥之处并改正。在炊事人员上岗期间,从个人卫生角度还有哪些具体管理?

4.列式计算该工程绿色建筑评价总得分$Q$,该建筑属于哪个等级,还有哪些等级?生活便利评分还有哪些指标?

## 案例 18

【背景资料】

某工程采用钢筋混凝土基础底板，长度120m，宽度100m，厚度2.0m。混凝土的设计强度等级为P6C35，设计无后浇带。施工单位选用商品混凝土浇筑，P6C35混凝土设计配合比为：1：1.7：2.8：0.46（水泥：中砂：碎石：水），水泥用量400kg/m³。粉煤灰掺量20%（等量替换水泥），实测中砂含水率4%、碎石含水率1.2%。采用跳仓法施工方案，分别按1/3长度与1/3宽度分成9个浇筑区（见图9），每区混凝土浇筑时间3d，各区依次连续浇筑，同时按照规范要求设置测温点（见图10）。（资料中未说明条件及因素的，均视为符合要求）

| 4 | B | 5 |
|---|---|---|
| A | 3 | D |
| 1 | C | 2 |

注：①1~5为第一批浇筑顺序；②A、B、C、D为填充浇筑区编号。

图9　跳仓法分区示意图

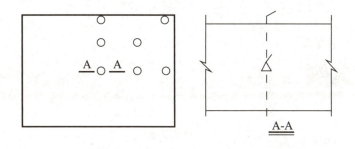

图10　分区测温点位置平面布置示意图

【问题】

1.计算每立方米P6C35混凝土设计配合比的水泥、中砂、碎石、水的用量。计算每立方米P6C35混凝土施工配合比的水泥、中砂、碎石、水、粉煤灰的用量。（单位：kg，小数点后保留2位）

2.写出正确的填充浇筑区A、B、C、D的浇筑顺序(如表示为A-B-C-D)。

3.画出A-A剖面示意图(可手绘),并补齐应布置的竖向测温点位置。

4.写出施工现场混凝土浇筑常用的机械设备名称。

# 案例 19

【背景资料】

某新建住宅工程,建筑面积22000m²,地下1层,地上16层,框架-剪力墙结构,抗震设防烈度7度。

施工单位项目部在施工前,由项目技术负责人组织编写了项目质量计划书,报请施工单位质量管理部门审批后实施。质量计划要求项目部施工过程中建立包括使用机具和设备管理记录、图纸、设计变更收发记录、检查和整改复查记录、质量管理文件及其他记录等质量管理记录制度。

240mm厚灰砂砖填充墙与主体结构连接施工的要求有:填充墙与柱连接钢筋为2$\phi$6@600,伸入墙内500mm;填充墙与结构梁下最后三皮砖空隙部位,在墙体砌筑7d后,采取两边对称斜砌填实;化学植筋连接筋$\phi$6做拉拔试验时,将轴向受拉非破坏承载力检验值设为5.0kN,

持荷时间2min，期间各检测结果符合相关要求，即判定该试样合格。

屋面防水层选用2mm厚的改性沥青防水卷材，铺贴顺序和方向按照平行于屋脊、上下层不得相互垂直等要求，采用热粘法施工。

项目部在对卫生间装修工程电气分部工程进行专项检查时发现，施工人员将卫生间内安装的金属管道、浴缸、沐浴器、暖气片等导体与等电位端子进行了连接，局部等电位联接排与各连接点使用截面积2.5mm²黄色标单根铜芯导线进行串联连接。对此，监理工程师提出了整改要求。

【问题】

1.指出项目质量计划书编、审、批和确认手续的不妥之处。质量计划应用中，施工单位应建立的质量管理记录还有哪些？

2.指出填充墙与主体结构连接施工要求中的不妥之处，并写出正确做法。

3.屋面防水卷材铺贴方法还有哪些？屋面防水卷材铺贴顺序和方向要求还有哪些？

## 案例 20

【背景资料】

某高校图书馆工程，地下2层，地上5层，建筑面积约35000$m^2$，现浇钢筋混凝土框架结构，部分屋面为正向抽空四角锥网架结构。施工单位与建设单位签订了施工总承包合同，合同工期为21个月。

在工程开工前，施工单位按照收集依据、划分施工过程（段）、计算劳动量、优化并绘制正式进度计划图等步骤编制了施工进度计划，并通过了总监理工程师的审查与确认。项目部在开工后进行了进度检查，发现施工进度拖延，其部分检查结果如图11所示。

项目部为优化工期，通过改进装饰装修施工工艺，使其作业时间缩短为4个月，据此调整的进度计划通过了总监理工程师的确认。

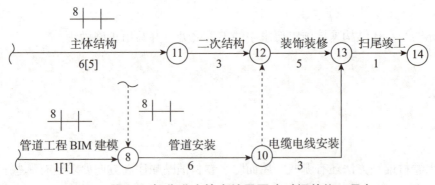

图11　部分进度检查结果图（时间单位：月）

注：[ ]内数字表示检查时工作尚需的作业月数

项目部计划采用高空散装法进行屋面网架施工，监理工程师审查时认为高空散装法施工高空作业多、安全隐患大，建议修改为分条安装法施工。

管道安装按照计划进度完成后，因甲供电缆电线未按计划进场，导致电缆电线安装工程最早开始时间推迟了1个月，施工单位按规定提出索赔工期1个月。

【问题】

1.单位工程进度计划编制步骤还应包括哪些内容？

2.图11中,工程总工期是多少?管道安装的总时差和自由时差分别是多少?除工期优化外,进度网络计划的优化目标还有哪些?

3.监理工程师的建议是否合理?网架安装方法还有哪些?网架高空散装法施工的特点还有哪些?

4.施工单位提出的工期索赔是否成立?并说明理由。

## 案例 21

【背景资料】

某新建别墅群项目,总建筑面积45000m²;各幢别墅均为地下1层,地上3层,砖混结构。

总承包单位项目部按幢编制了单幢工程施工进度计划,某幢计划工期为180d,施工进度计划见图12。现场监理工程师在审查该进度计划后,要求施工单位补充该进度计划包括材料需求计划在内的资源需求计划,以确保该幢工程在计划日历天内竣工。

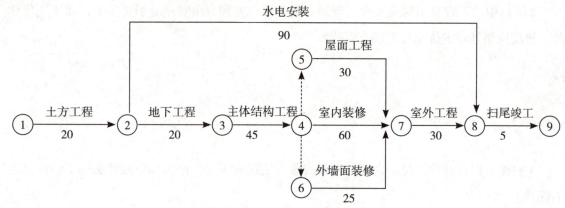

图12 某幢施工进度计划图（单位：d）

别墅工程开工后第46d进行进度检查时发现，土方工程和地基与基础工程已完成，已开始主体结构施工，实际进度滞后5d，项目部依据赶工参数表，对相关施工过程进行压缩，以确保工期不变（表10）。

表10 赶工参数表

| 施工过程 | 最大可压缩时间（d） | 赶工费用（元/d） |
| --- | --- | --- |
| 土方工程 | 2 | 800 |
| 地下工程 | 4 | 900 |
| 主体结构工程 | 2 | 2700 |
| 水电安装 | 3 | 450 |
| 室内装修 | 8 | 3000 |
| 屋面工程 | 5 | 420 |
| 外墙面装修 | 2 | 1000 |
| 室外工程 | 3 | 4000 |
| 扫尾竣工 | 0 | — |

项目部对地下室M5水泥砂浆防水层施工提出了技术要求：采用普通硅酸盐水泥、自来水、中砂、防水剂等材料拌和，中砂含泥量不得大于3%；防水层施工前应采用强度等级M5的普通砂浆将基层表面的孔洞、缝隙堵塞抹平；防水层施工要求一遍成活，涂抹时应压实、表面应提浆压光，并及时进行7d保湿养护。

监理工程师对室内装饰装修工程检查验收后，要求在装饰装修完工后第5d进行TVOC等室内环境污染物检测。项目部对检测时间提出异议。

【问题】

1.除了材料需求计划外,还应编制哪些需求计划?

2.按照经济、合理的原则对相关施工过程进行压缩,请分别写出最适宜压缩的施工过程和相应的压缩天数。

3.指出项目部对地下室水泥砂浆防水层施工技术要求的不妥之处,并分别说明理由。

4.项目部对检测时间提出异议是否正确?并说明理由。针对本工程,室内环境污染物浓度检测还应包括哪些项目?

## 案例 22

【背景资料】

某新建仓储工程，建筑面积8000m²，地下1层，地上1层，采用钢筋混凝土筏板基础，建筑高度12m；地下室为钢筋混凝土框架结构，地上部分为钢结构；筏板基础混凝土强度等级为C30，内配双层钢筋网，主筋为HRB400φ20螺纹钢。基础筏板下三七灰土夯实，无混凝土垫层。

施工单位安全生产管理部门在安全文明施工巡检时，发现工程告示牌及施工总平面布置图的"五牌一图"布置在了现场主入口处围墙外侧，随即要求项目部将"五牌一图"布置在主入口内侧。

项目部制定的筏板基础钢筋施工技术方案中规定：钢筋保护层厚度控制在40mm；主筋通过直螺纹连接接长，钢筋交叉点按照相隔交错扎牢，绑扎点的绑扎方向要求一致；上、下层钢筋网之间的拉钩要绑扎牢固，以保证上、下层钢筋网相对位置准确。监理工程师审查后认为有些规定不妥，要求改正。

屋面梁安装过程中，发生两名施工人员高处坠落事故，一人死亡。当地人民政府接到事故报告后，按照事故调查规定组织安全生产监督管理部门、公安机关等相关部门委派的人员和2名专家组成事故调查组。调查组检查了项目部制定的项目施工安全管理制度，其中规定了项目经理至少每旬组织开展一次定期安全检查，专职安全人员定期进行巡视检查。调查组认为项目部经常性安全检查制度规定内容不全，要求完善。

【问题】

1."五牌一图"还包括哪些内容？

2.写出筏板基础钢筋施工技术方案中的不妥之处，并分别说明理由。

3.判断此次高处坠落事故等级,事故调查组还应有哪些单位或部门指定人员参加?

4.项目部经常性安全检查的方式还应有哪些?

# 案例 23

【背景资料】

某综合办公楼工程,地下3层,地上20层,总建筑面积68000m$^2$,地基基础设计等级为甲级,灌注桩筏板基础,现浇钢筋混凝土框架-剪力墙结构,建设单位与施工单位按照《建设工程施工合同(示范文本)》(GF—2017—0201)签订了施工合同,约定竣工时需向建设单位移交变形测量报告。部分主要材料由建设单位采购,施工单位委托第三方测量单位进行施工阶段的建筑变形测量。基础桩设计直径800mm,长度35~42m,混凝土强度等级C30,共计900根,施工单位编制的桩基础施工方案中列明:采用泥浆护壁成孔,导管法水下灌注C30混凝土,灌注时桩顶混凝土面超过设计标高500mm,每根留置1组混凝土试件;成桩后按总桩数20%对桩身质量进行检验,监理工程师审查时认为方案存在错误,要求施工单位改正后重新上报。地下结构施工过程中,测量单位按变形测量方案实施监测时,发现基坑周边地表出现明显裂缝,立即将此异常情况报告给施工单位。施工单位立即要求测量单位及时采取相应监测措施,并根据观测数据制定了后续防控对策。

装修施工单位将地上标准层(F6~F20)划分为三个施工段组织流水施工。各个施工段上均包含三个施工工序。其流水节拍如表11所示:

表11 标准层装修施工流水节拍参数一览表

时间单位：周

| 流水节拍 | | 施工过程 | | |
|---|---|---|---|---|
| | | 工序1 | 工序2 | 工序3 |
| 施工段 | F6~F10 | 4 | 3 | 3 |
| | F11~F15 | 3 | 4 | 6 |
| | F16~F20 | 5 | 4 | 3 |

建设单位采购的材料进场复验结果不合格，监理工程师要求退场；因停工待料导致窝工，施工单位提出8万元费用索赔。材料重新进场施工完毕后，监理工程师验收通过；由于该部位的特殊性，建设单位要求进行剥离检验，检验结果符合要求；剥离检验及恢复共发生费用4万元，施工单位提出4万元费用索赔。上述索赔均在要求时限内提出，数据经监理工程师核实无误。

【问题】

1.指出桩基础施工方案中的错误之处，并分别写出相应的正确做法。

2.变形测量发现异常情况后，第三方测量单位应及时采取哪些措施？针对变形测量，除基坑周边地表出现明显裂缝外，还有哪些异常情况也应立即报告委托方？

3.绘制标准层装修的流水施工横道图？

4.分别判断施工单位提出的两项费用索赔是否成立，并写出相应理由。

## 案例 24

【背景资料】

某新建体育馆工程,建筑面积约23000m²,现浇钢筋混凝土结构,钢结构网架屋盖,地下1层,地上4层,地下室顶板设计有后张法预应力混凝土梁。当地下室顶板同条件养护试件强度达到设计要求时,施工单位现场生产经理立即向监理工程师口头申请拆除地下室顶板模板,监理工程师同意后,现场将地下室顶板及支架全部拆除。

"两年专项治理行动"检查时,二层混凝土结构经回弹-取芯法检验,其强度不满足设计要求,经设计单位验算,需对二层结构进行加固处理,造成直接经济损失300余万元,工程质量事故发生后,现场有关人员立即向本单位负责人报告,并在规定的时间内逐级上报至市(设区)级人民政府住房和城乡建设主管部门。施工单位提交的质量事故报告内容包括:

(1)事故发生的时间、地点、工程项目名称;

(2)事故发生的简要经过,无伤亡;

(3)事故发生后采取的措施及事故控制情况;

(4)事故报告单位。

屋盖网架采用Q390GJ钢,因钢结构制作单位首次采用该材料,施工前,监理工程师要求其对首次采用的Q390GJ钢及相关的接头形式、焊接工艺参数、预热和后热措施等焊接参数组合条件进行焊接工艺评定。

填充墙砌体采用单排孔轻骨料混凝土小砌块,专用小砌块砂浆砌筑。现场检查中发现:进场的小砌块产品龄期达到21d后,即开始浇水湿润,待小砌块表面出现浮水后,开始砌筑施工;砌筑时将小砌块的底面朝上反砌于墙上,小砌块的搭接长度为块体长度的1/3。砌体的砂浆饱满度要求为:水平灰缝90%以上,竖向灰缝85%以上;墙体每天砌筑高度为1.5m,填充墙砌筑7d后进行顶砌施工,为施工方便,在部分墙体上留置了净宽度为1.2m的临时施工洞口,监理工程师要求对错误之处进行整改。

【问题】

1. 监理工程师同意地下室顶板拆模是否正确？背景资料中地下室顶板预应力梁拆除底模及支架的前置条件有哪些？

2. 本题中的质量事故属于哪个等级？

3. 除背景资料已明确的焊接参数组合条件外，还有哪些参数的组合条件也需要进行焊接工艺评定？

4. 针对背景资料中填充墙砌体施工的不妥之处，写出相应的正确做法。

## 案例 25

【背景资料】

某住宅楼工程，占地面积约10000m²，建筑面积约14000m²，地下2层，地上16层，层高

2.8m，檐口高47m，结构设计为筏板基础，剪力墙结构。施工总承包单位为外地企业，在本工程所在地设有分公司。

本工程项目经理组织编制了项目施工组织设计，经分公司技术部经理审核后，报分公司总工程师（公司总工程师授权）审批；由项目技术部门经理主持编制外脚手架（落地式）施工方案，经项目总工程师、总监理工程师、建设单位负责人签字批准实施。专业承包单位组织编制塔吊安装拆卸方案，按规定经专家论证后，报施工总承包单位总工程师、总监理工程师、建设单位负责人签字批准实施。

在施工现场消防技术方案中，临时施工道路（宽4m）与施工（消防）用主水管沿建筑住宅楼环状布置，消火栓设置在施工道路内侧，距路中线5m，在建住宅楼外边线距道路中线9m，在施工用水管计算中，现场施工用水量（$q_1+q_2+q_3+q_4$）为8.5L/s，管网水流速度为1.6m/s，漏水损失为10%，消防用水量按最小用水量计算。

根据项目试验计划，项目总工程师会同实验员选定1、3、5、7、9、11、13、16层各留置1组C30混凝土同条件养护试件，试件在浇筑点制作、脱模后放置在下一层楼梯口处，第5层C30混凝土同条件养护试件强度试验结果为28MPa。

施工过程中发生塔吊倒塌事故，在调查塔吊基础时发现：塔吊基础为6m×6m×0.9m，混凝土强度等级为C20，天然地基持力层承载力特征值（fak）为130kPa，施工单位仅对地基承载力进行计算，并据此判断满足安全要求。

针对项目发生的塔吊事故，当地建设行政主管部门认定为施工总承包单位的不良行为记录，对其诚信行为记录及时进行了公布、上报，并向施工总承包单位工商注册所在地的建设行政主管部门进行了通报。

【问题】

1.指出项目施工组织设计、外脚手架施工方案、塔吊安装拆卸方案编制、审批的不妥之处，并写出相应的正确做法。

2.指出施工现场消防技术方案的不妥之处，并写出相应的正确做法。施工总用水量是多少（单位：L/s）？施工用主水管的计算管径是多少（单位：mm，保留两位小数）？

3.指出同条件养护试件的做法有何不妥？并写出正确做法。第5层C30混凝土同条件养护试件的强度代表值是多少？

4.分别指出项目塔吊基础设计计算和构造中的不妥之处，并写出正确做法。

# 案例 26

【背景资料】

某群体工程，主楼地下2层，地上8层，总建筑面积26800m²，现浇钢筋混凝土框剪结构。建设单位分别与施工单位、监理单位按照《建设工程施工合同（示范文本）》(GF—2017—0201)和《建设工程监理合同（示范文本）》(GF—2012—0202)签订了施工合同和监理合同。合同履行过程中发生了下列事件：

事件一：监理工程师在审查施工组织总设计时，发现施工单位总进度计划部分仅有网络图和编制说明。监理工程师认为该部分内容不全，要求补充完整。

事件二：某单位工程的施工进度计划网络图如图13所示。因工艺设计采用某专利技术，工作F需要工作B和工作C完成以后才能开始施工。监理工程师要求施工单位对该进度计划网络图进行调整。

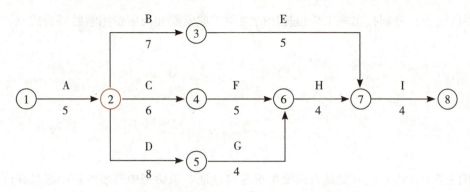

**图13 施工进度计划网络图（单位：月）**

事件三：施工过程中发生的索赔事件如下。

（1）由于项目功能调整变更设计，导致工作C中途出现停歇，持续时间比原计划超出2个月，造成施工人员窝工损失27.2万元（13.6×2）；

（2）当地发生百年一遇大暴雨引发的泥石流，导致工作E停工，清理恢复施工共用时3个月，造成施工设备损失8.2万元，产生现场清理和修复费用24.5万元。

针对上述（1）、（2）事件，施工单位在有效时限内分别向建设单位提出2个月、3个月的工期索赔，27.2万元、32.7万元的费用索赔（所有事项均与实际相符）。

事件四：某单体工程会议室主梁跨度为10.5m，截面尺寸（$b×h$）为450mm×900mm。施工单位按规定编制了模板工程专项方案。

【问题】

1.事件一中，施工单位对施工总进度计划还需要补充哪些内容？

2.绘制事件二中调整后的施工进度计划网络图（双代号），指出其关键线路（用工作名称表示），并计算其总工期（单位：月）。

3.事件三中,分别指出施工单位提出的两项工期索赔和两项费用索赔是否成立,并说明理由。

4.事件四中,该专项方案是否需要组织专家论证?该梁跨中底模的最小起拱高度、跨中混凝土浇筑高度分别是多少(单位:mm)?

## 案例 27

【背景资料】

某高层钢结构工程,建筑面积28000m²,地下1层,地上12层,外围护结构为玻璃幕墙和石材幕墙,外墙保温材料为新型保温材料;屋面为现浇钢筋混凝土板,防水等级为Ⅰ级。采用卷材防水。在施工过程中,发生了下列事件:

事件一:钢结构安装施工前,监理工程师对现场的施工准备工作进行检查,发现钢构件现场堆放存在问题,现场堆放应具备的基本条件不够完善,劳动力进场情况不符合要求,责令施工单位进行整改。

事件二:施工中,施工单位对幕墙与各楼层楼板间的缝隙防火隔离处理进行了检查,对幕墙的抗风压性能、空气渗透性能、雨水渗漏性能、平面变形性能等有关安全和功能检测项目进行了见证取样或抽样检查。

事件三:监理工程师对屋面卷材防水进行了检查,发现屋面女儿墙墙根处等部位的防水做法存在问题(节点施工做法如图14所示),责令施工单位整改。

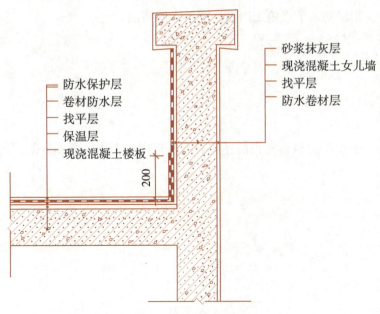

图14 节点施工做法

事件四：工程采用新型保温材料，按规定进行了材料评审、鉴定并备案，同时施工单位完成相应程序性工作后，经监理工程师批准后投入使用。施工完成后，由施工单位项目负责人主持，组织总监理工程师、建设单位项目负责人、施工单位技术负责人、相关专业质量员和施工员进行了节能分部工程部分验收。

【问题】

1.事件一中，高层钢结构安装前现场的施工准备还应检查哪些工作？钢构件现场堆放应具备哪些基本条件？

2.事件二中，建筑幕墙与各楼层楼板间的缝隙防火隔离的主要防火构造做法是什么？幕墙工程中有关安全和功能的检测项目有哪些？

3.事件三中,指出防水节点施工图做法图示中的错误。

4.事件四中,新型保温材料使用前还应有哪些程序性工作?节能分部工程的验收组织有什么不妥?

## 案例 28

【背景资料】

某新建钢筋混凝土框架结构工程,地下2层,地上15层,建筑总高58m,玻璃幕墙外立面,钢筋混凝土叠合楼板,预制钢筋混凝土楼梯。基坑挖土深度为8m,地下水位位于地表以下8m,采用钢筋混凝土排桩加钢筋混凝土内支撑支护体系。在履约过程中,发生了下列事件:

事件一:监理工程师在审查施工组织设计时,发现需要单独编制专项施工方案的分项工程清单内列有塔吊安装拆除、施工电梯安装拆除、外脚手架工程。监理工程师要求补充完善清单内容。

事件二:项目专职安全员在安全"三违"巡视检查时,发现人工拆除钢筋混凝土内支撑作业的安全措施不到位,有违章作业现象,要求立即停止拆除作业。

事件三:施工员在楼层悬挑式钢质卸料平台安装技术交底中,要求使用卡环进行钢平台吊运与安装,并在卸料平台三个侧边设置1200mm高的固定式安全防护栏杆,架子工对此提出异议。

事件四:主体结构施工过程中发生塔吊倒塌事故,当地县级人民政府接到事故报告后,按规定组织安全生产监督管理部门和负有安全生产监督管理职责的有关部门等派出的相关人员组成了事故调查组,对事故展开调查。施工单位按照事故调查组移交的事故调查报告中对事故责任者的处理建议对事故责任人进行处理。

【问题】

1.事件一中,按照《危险性较大的分部分项工程安全管理办法》(建质〔2009〕87号)规定,本工程还应单独编制哪些专项施工方案?

2.事件二中,除违章作业外,针对操作行为检查的"三违"巡查还应包括哪些内容?混凝土内支撑还可以采用哪几类拆除方法?

3.写出事件三中技术交底的不妥之处,并说明楼层卸料平台上安全防护与管理的具体措施。

## 案例 29

【背景资料】

某办公楼工程,地下2层,地上10层,总建筑面积27000m², 现浇钢筋混凝土框架结构。建设单位与施工总承包单位签订了施工总承包合同,双方约定工期为20个月,建设单位供应部分主要材料。在合同履行过程中，发生了下列事件：

事件一：施工总承包单位按规定向项目监理工程师提交了施工总进度计划网络图（图15），该计划通过了监理工程师的审查和确认。

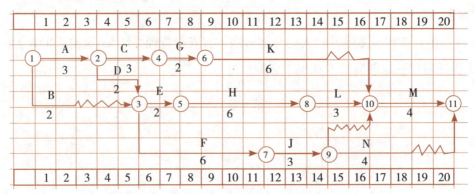

图15 施工总进度计划网络图（时间单位：月）

事件二：工作B（特种混凝土工程）进行1个月后，因建设单位修改设计方案导致其停工2个月。设计变更后，施工总承包单位及时向监理工程师提出了费用索赔申请（表12），索赔内容和数量经监理工程师审查符合实际情况。

表12 费用索赔申请一览表

| 序号 | 内容 | 数量 | 计算式 | 备注 |
| --- | --- | --- | --- | --- |
| 1 | 新增特种混凝土工程费 | 500$m^3$ | 500×1050=525000（元） | 新增特种混凝土综合单价1050元/$m^3$ |
| 2 | 机械设备闲置补偿 | 60台班 | 60×210=12600（元） | 台班费210元/台班 |
| 3 | 人工窝工费补偿 | 1600工日 | 1600×85=136000（元） | 人工工日单价85元/工日 |

事件三：在施工过程中，由于建设单位供应的主材未能按时交付给施工总承包单位，致使工作K的实际进度在第11月底时拖后三个月；部分施工机械由于施工总承包单位原因未能按时进场，致使工作H的实际进度在第11月底时拖后一个月；在工作F进行过程中，由于施工工艺不符合施工规范要求导致发生质量问题，被监理工程师责令整改，致使工作F的实际进度在第11月底时拖后一个月。施工总承包单位就工作K、H、F分别提出了工期索赔。

事件四：施工总承包单位根据材料清单采购了一批装修材料，经计算分析各种材料价款占该批材料价款的比例及累计百分比如表13所示。

表13 各种装饰装修材料占该批材料价款的累计百分比一览表

| 序号 | 材料名称 | 所占比例（%） | 累计百分比（%） |
| --- | --- | --- | --- |
| 1 | 实木门扇（含门套） | 30.10 | 30.10 |
| 2 | 铝合金窗 | 17.91 | 48.01 |
| 3 | 细木工板 | 15.31 | 63.32 |

续表

| 4 | 瓷砖 | 11.60 | 74.92 |
| 5 | 实木地板 | 10.57 | 85.49 |
| 6 | 白水泥 | 9.50 | 94.99 |
| 7 | 其他 | 5.01 | 100.00 |

【问题】

1.事件一中，施工总承包单位应重点控制哪条线路？（以网络图节点表示）

2.事件二中，费用索赔申请一览表中有哪些不妥之处？分别说明理由。

3.事件三中，分别分析工作K、H、F的总时差，并判断其进度偏差对施工总期的影响。分别判断施工总承包单位就工作K、H、F工期索赔是否成立。

4.事件四中，根据"ABC分类法"，分别指出重点管理材料（A类材料）名称和次要管理材料（B类材料）名称。

## 案例 30

【背景资料】

某办公楼工程,建筑面积45000m², 钢筋混凝土框架-剪力墙结构,地下1层,地上12层,层高5m,抗震等级一级,内墙装饰面层为油漆、涂料,地下工程防水为混凝土自防水和外卷材防水。施工过程中,发生了下列事件:

事件一:项目部按规定向监理工程师提交调查后的HRB400E$\phi$12钢筋复试报告。主要检测数据为:抗拉强度实测值561N/mm², 屈服强度实测值460N/mm², 实测重量0.816kg/m(HRB400E$\phi$12钢筋:屈服强度标准值400N/mm², 极限强度标准值540N/mm², 理论重量0.888kg/m)。

事件二:五层某施工段现浇结构尺寸检验批验收表(部分)如表14所示。

表14 五层某施工段现浇结构尺寸检验批验收表(部分)

| | 项目 | | 允许偏差(mm) | 检查结果(mm) | | | | | | | | |
|---|---|---|---|---|---|---|---|---|---|---|---|---|
| 一般项目 | 轴线位置 | 基础 | 15 | 10 | 2 | 5 | 7 | 16 | | | | |
| | | 独立基础 | 10 | | | | | | | | | |
| | | 柱、梁、墙 | 8 | 6 | 5 | 7 | 8 | 3 | 9 | 5 | 9 | 1 | 10 |
| | | 剪力墙 | 5 | 6 | 1 | 5 | 2 | 7 | 4 | 3 | 2 | 0 | 1 |
| | 垂直度 | ≤5m | 8 | 8 | 5 | 7 | 8 | 11 | 5 | 9 | 6 | 12 | 7 |
| | | >5m | | | | | | | | | | | |
| | | 全高(H) | H/1000且≤30 | | | | | | | | | | |
| | 标高 | 层高 | ±10 | 5 | 7 | 8 | 11 | 5 | 7 | 6 | 12 | 8 | 7 |
| | | 全高 | ±30 | | | | | | | | | | |

事件三:监理工程师在对三层油漆和涂料施工质量的检查中,发现部分房间有流坠、刷纹、透底等质量通病,于是下达了整改通知单。

事件四:在对地下防水工程质量进行检查验收时,监理工程师对防水混凝土强度、抗渗性能和细部节点构造进行了检查,并提出了整改要求。

【问题】

1.事件一中,计算钢筋的强屈比、超屈比、重量偏差(保留两位小数),并根据计算结果分别判断该指标是否符合要求。

2.事件二中,指出验收表中的错误,计算表中正确数据的允许偏差合格率。

3.事件三中,涂饰工程还有哪些质量通病?

## 案例 31

【背景资料】

某新建站房工程,建筑面积56500m²,地下1层,地上3层,框架结构,建筑总高24m。总承包单位搭设了双排扣件式钢管脚手架(高度25m),在施工过程中有大量材料堆放在脚手架上面,结果发生了脚手架坍塌事故,造成1人死亡,4人重伤,1人轻伤,直接经济损失600多万元。事故调查中发现下列事件:

事件一:经检查,本工程项目经理持有一级注册建造师证书和安全考核资格证书(B证),电工、电气焊工、架子工持有特种作业操作资格证书。

事件二:项目部编制的重大危险源控制系统文件中,包含有重大危险源的辨识、重大危险源的管理、工厂选址和土地使用规划等内容，调查组要求补充完善。

事件三：双排脚手架连墙件被施工人员拆除了两处；双排脚手架同一区段，上下两层的脚手板堆放的材料重量均超过3kN/m²。在基础完成后、架体搭设前，搭设到设计高度后，每次大风、大雨后等情况下，项目部对双排脚手架均进行了阶段检查和验收，并形成书面检查记录。

【问题】

1. 事件一中，施工企业还有哪些人员需要取得安全考核资格证书？相应的证书类别是什么？与建筑起重作业相关的特种作业人员有哪些？

2. 事件二中，重大危险源控制系统还应有哪些组成部分？

3. 指出事件三中的不妥之处。脚手架要进行阶段检查和验收的情况还有哪些？

4. 生产安全事故有哪几个等级？本事故属于哪个等级？

## 案例 32

**【背景资料】**

某商业建筑工程,地上6层,砂石地基,砖混结构,建筑面积24000m²,外窗采用铝合金窗,内外采用金属门。在施工过程中发生了如下事件:

事件一:砂石地基施工中,施工单位采用细砂(掺入30%的碎石)进行铺填。监理工程师检查发现其分层铺设厚度和分段施工的上下层搭接长度不符合规范要求,令其整改。

事件二:二层现浇混凝土楼板出现收缩裂缝,经项目经理部分析认为原因有:混凝土原材料质量不合格(骨料含泥量大),水泥和掺合料用量超出规范规定。同时提出了相应的防治方法,即选用合格的原材料,合格控制水泥和掺合料用量。监理工程师认为项目经理部的分析不全面,要求进一步完善原因分析和防治方法。

事件三:监理工程师对门窗工程检查时发现:外窗未进行"三性检查",内门采用"先立后砌"安装方式,外窗采用射钉固定安装方式。监理工程师对存在的问题提出整改要求。

事件四:建设单位在审查施工单位提交的工程竣工资料时,发现工程竣工资料有涂改、违规使用复印件等情况,要求施工单位进行整改。

**【问题】**

1.事件一中,砂石地基采用的原材料是否正确?砂石地基还可以采用哪些原材料?除事件一列出的项目外,砂石地基施工过程中还应检查哪些内容?

2.事件二中,出现裂缝的原因还可能有哪些?并补充完善其他常见的防治方法。

3.事件三中,建筑外墙铝合金窗的"三性试验"是指什么?分别写出错误安装方式的正确做法。

4.针对事件四,分别写出工程竣工资料在修改以及使用复印件时的正确做法。

## 案例 33

【背景资料】

某新建工程,建筑面积28000m²,地下1层,地上6层,框架结构,建筑总高28.5m,建设单位与施工单位签订了施工合同,合同约定项目施工创省级安全文明工地。施工过程中,发生了如下事件:

事件一:建设单位组织监理单位、施工单位对工程施工安全进行检查。检查内容包括安全思想、安全责任、安全制度、安全措施。

事件二:施工单位编制的项目安全措施计划的内容包括管理目标、规章制度、应急准备与相应教育培训。检查组认为安全措施计划主要内容不全,要求补充。

事件三:施工现场入口仅设置了企业标志牌、工程概况牌,检查组认为制度牌设置不完整,要求补充。工人宿舍室内净高2.3m,封闭式窗户,每个房间住20个工人,检查组认为不符合相关要求,对此下发了通知单。

事件四:检查组按照《建筑施工安全检查标准》(JGJ 59—2011)对本次安全检查进行了评价,汇总表得分68分。

【问题】

1.除事件一所述检查内容外,施工安全检查还应包括哪些内容?

2.事件三中，施工现场入口还应设置哪些制度牌？现场工人宿舍应如何整改？

3.事件四中，建筑施工安全检查评定结论有哪些等级？本次检查应评定为哪个等级？

## 案例 34

【背景资料】

某办公楼工程，建筑面积98000m², 劲性钢筋混凝土框筒结构。地下3层，地上46层，建筑高度约203m。基坑深度15m，桩基为人工挖孔桩，桩长18m。首层大堂高度为12m，跨度为24m。外墙为玻璃幕墙。吊装施工垂直运输采用内爬式塔吊，单个构件吊装最大重量为12t。

事件一：施工总承包单位编制了附着式整体提升脚手架等分项工程安全专项施工方案，经专家论证，施工单位技术负责人和总监理工程师签字后实施。

事件二：监理工程师对钢柱进行施工质量检查中，发现对接焊缝存在夹渣、形状缺陷等质量问题，向施工总承包单位提出了整改要求。

事件三：施工总承包单位在浇筑首层大堂顶板混凝土时，发生了模板支撑系统坍塌事故，造成5人死亡，7人受伤。事故发生后，施工总承包单位负责人接到报告1小时后向当地政府行政主管部门进行了报告。

事件四：由于工期较紧，施工总承包单位于晚上11点后安排了钢结构构件进场和焊接作业施工。附近居民以施工作业影响夜间休息为由进行了投诉。当地相关主管部门在查处时发现：施工总承包单位未办理夜间施工许可证；检测的夜间施工场界噪声值达到60分贝。

【问题】

1. 依据背景资料指出需要专家论证的分部分项工程安全专项施工方案还有哪几项？

2. 事件二中，焊缝产生夹渣的原因可能有哪些？其处理方法是什么？

3. 事件三中，依据《生产安全事故报告和调查处理条例》（国务院令第493号），此次事故属于哪个等级？

4. 写出事件四中施工总承包单位对所查处问题应采取的正确做法，并说明施工现场避免或减少光污染的防护措施。

# 案例 35

【背景资料】

某办公楼工程,地下1层,地上12层,总建筑面积26800m²,筏板基础,框架-剪力墙结构。建设单位与某施工总承包单位签订了施工总承包合同。按照合同约定,施工总承包单位将装饰装修工程分包给了符合资质条件的专业分包单位。合同履行过程中,发生了下列事件:

事件一:基坑开挖完成后,经施工总承包单位申请,总监理工程师组织勘察、设计单位的项目负责人和施工总承包单位的相关人员等进行验槽。首先,验收小组经检验确认了该基坑不存在空穴、古墓、古井、防空掩体及其他地下埋设物;其次,根据勘察单位项目负责人的建议,验收小组仅核对基坑的位置之后就结束了验槽工作。

事件二:有一批次框架结构用的钢筋,施工总承包单位认为与上一批次已批准使用的钢筋是同一个厂家生产的,没有进行现场复验等质量验证工作,直接投入了使用。

事件三:监理工程师在现场巡查时,发现第八层框架填充墙砌至接近梁底时留下的适当空隙,间隔了48小时后即用斜砖补砌挤紧。

事件四:总工程师在检查工程竣工验收条件时,确认施工总承包单位已经完成建设工程设计和合同约定的各项内容,有完整的技术档案与施工管理资料,以及勘察、设计、施工、工程监理等参建单位分别签署的质量合格文件,但还缺少部分竣工验收条件所规定的资料。

在竣工验收时,建设单位要求施工总承包单位和装饰装修工程分包单位将各自的工程资料向项目监理机构移交,由项目监理机构汇总后向建设单位移交。

【问题】

1.事件一中,验槽的组织方式是否妥当?

2.事件二中,施工单位的做法是否妥当?列出钢筋质量验证时材质复验的主要内容。

3.事件三中,根据《砌体结构工程施工质量验收规范》(GB 50203—2019),指出此工序下填充墙每验收批的抽检数量。判断施工总承包单位的做法是否妥当?并说明理由。

4.事件四中,根据《建设工程质量管理条例》和《建设工程文件归档整理规范》,指出施工总承包单位还应补充哪些竣工验收资料?建设单位提出的工程竣工资料移交的要求是否妥当?并给出正确做法。

## 案例 36

【背景资料】

某办公楼工程,地下2层,地上16层,建筑面积45000m²,标准间面积200m²。施工单位中标后进场施工。

项目部针对现浇混凝土易发生模板系统整体坍塌等安全事故类型的特点,明确现浇混凝土工程安全控制包括模板支撑系统设计、混凝土浇筑用电安全等多项内容,制定了混凝土浇筑施工安全技术措施。

项目部依据项目施工条件等因素,按照机械设备的适应性、高效性等原则,通过市场租赁方式选择了2台塔吊供现场使用。

公司安全管理部门对项目现场厕所和浴室进行检查时发现:项目在生活区设置有水冲式厕所;现场设有移动式厕所;生活区浴室设有淋浴喷头等设施。

在对现场临时用水管理检查时发现:水管直接埋地穿过临时道路;道路两侧排水沟纵向坡度0.1%;消火栓最大间距150m;DN100主供水管实测水流速度1.5m/s,达不到设计流速

2.0m/s，满足不了设计总用水量（$Q$=13.70L/s）的要求，建议更换主供水管。

工程验收时，施工单位对室内环境污染物浓度进行检测，其中甲醛浓度含量如表15所示。

表15　甲醛浓度含量

| 监测点 | 1 | 2 | 3 | 4 | 5 |
| --- | --- | --- | --- | --- | --- |
| 浓度检测值（mg/m$^3$） | 0.10 | 0.11 | 0.10 | 0.09 | 0.11 |

【问题】

1.现浇混凝土工程易发生的安全事故类型还有哪些？现浇混凝土工程安全控制的主要内容还有哪些？

2.机械设备选择的依据和原则还有哪些？

3.项目在现场厕所、浴室的设施和管理方面还应做到哪些要求？

4.指出项目临时用水管理中的不妥之处，写出正确做法。计算更换的主供水管的直径（$\pi$取3.14，单位：mm，保留小数点后两位）。

5.标准间室内环境污染物应至少检测几个点？表15检测的室内甲醛浓度是否合格？民用建筑室内环境污染物检测点的布置有哪些具体要求？

## 案例 37

【背景资料】

某工程项目，地上15~18层，地下2层，钢筋混凝土剪力墙结构，总建筑面积57000m²，施工单位中标后成立项目经理部组织施工。

项目经理部计划施工组织方式采用流水施工，根据劳动力储备和工程结构特点确定流水施工的工艺参数、时间参数和空间参数，如空间参数中的施工段、施工层划分等，合理配置了组织和资源，编制项目双代号网络计划（图16）。

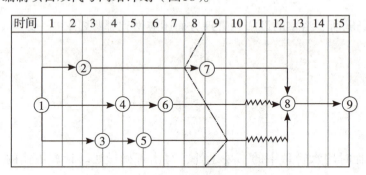

图16 项目双代号网络计划

项目经理部上报了施工组织设计，其中，施工总平面图设计要点包括了设置大门、布置塔吊、施工升降机、布置临时房屋、水、电和其他动力设施等。布置施工升降机时，考虑了导轨架的附墙位置和距离等现场条件和因素。

公司技术部门在审核时指出施工总平面图设计要点不全，施工升降机布置条件和因素考虑不足，要求补充完善。

项目经理部在工程施工到8月底时，对施工进度进行了检查，工程进展状态如图16中前锋线所示。工程部门根据检查分析情况，调整措施后重新绘制了从第9月开始到工程结束的双代号网络计划图，部分内容如图17所示。

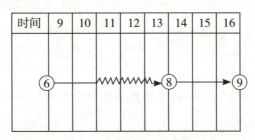

图17 第9月开始到结束的部分双代号网络计划图

主体结构完成后，项目部为结构验收做了以下准备工作：

（1）将所有模板拆除并清理干净；

（2）工程技术资料整理、整改完成；

（3）完成了合同图纸和洽商所有内容；

（4）各类管道预埋完成，位置尺寸准确，相应测试完成；

（5）各类整改通知已完成，并形成整改报告。

项目部认为达到了验收条件，向监理单位申请组织结构验收，并决定由项目技术负责人、相关部门经理和工长参加。监理工程师认为存在验收条件不具备、参与验收人员不全等问题，要求完善验收条件。

【问题】

1.工程施工组织方式还有哪些？组织流水施工时，应考虑的工艺参数和时间参数分别包括哪些内容？

2.施工总平面图设计要点还有哪些？布置施工升降机时，应考虑的条件因素还有哪些？

3. 根据图16中进度前锋线分析8月底工程的实际进展情况。

4. 绘制（可以手绘）正确的从第9月开始到工程结束的双代号网络计划图。

5. 主体结构验收工程实体还应具备哪些条件？施工单位应参与结构验收的人员还有哪些？

## 案例 38

【背景资料】

建设单位发布某新建工程招标文件，部分条款有：发包范围为土建、水电、通风空调、消防、装饰等工程，实行施工总承包管理；投标限额为65000万元，暂列金额为1500万元；工程款按月度完成工作量的80%支付；质量保修金为5%，履约保证金为15%；钢材指定采购本市钢厂的产品；消防及通风空调专项工程合同金额为1200万元，由建设单位指定发包，总承包服务费3%。投标单位对部分条款提出了异议。

经公开招标，某施工总承包单位中标，签订了施工总承包合同。合同价部分费用有分部分项工程费48000万元，措施项目费为分部分项工程费的15%，规费费率为2.2%，增值税税率为9%。

施工总承包单位签订物资采购合同，购买800mm×800mm的地砖3900块，合同标的规定了地砖的名称、等级、技术标准等内容。地砖由A、B、C三地供应，相关信息如表16所示：

表16　地砖采购信息表

| 序号 | 货源地 | 数量（块） | 出厂价（元/块） | 其他 |
|---|---|---|---|---|
| 1 | A | 936 | 36 | |
| 2 | B | 1014 | 33 | |
| 3 | C | 1950 | 35 | |
| 合计 | | 3900 | | |

地方主管部门在检查《建筑工人实名制管理办法（试行）》落实情况时发现：个别工人没有签订劳动合同，直接进入现场施工作业；仅对建筑工人实行了实名制管理等问题。要求项目立即整改。

【问题】

1. 指出招标文件中的不妥之处，分别说明理由。

2. 施工企业除施工总承包合同外，还可能签订哪些与工程相关的合同？

3. 分别计算各项构成费用（分部分项工程费、措施项目费等5项）及施工总承包合同价。（单位：万元，保留小数点后两位）

4.分别计算地砖的每平方米用量、各地采购比重和材料原价（原价单位：元/m²）。物资采购合同中的标的内容还有哪些？

5.建筑工人满足什么条件才能进入施工现场作业？除建筑工人外，还有哪些单位人员进入施工现场应纳入实名制管理？

## 案例 39

【背景资料】

某施工单位通过竞标承建一工程项目，甲乙双方通过协商，对工程合同协议书（编号HT-XY-201909001），以及专用合同条款（编号HT-ZY-201909001）和通用合同条款（编号HT-TY-201909001）修改意见达成一致，签订了施工合同。确认包括投标函、中标通知书等合同文件按照《建设工程施工合同（示范文本）》（GF—2017—0201）规定的优先顺序进行解释。

施工合同中包含以下工程价款主要内容：

（1）工程中标价为5800万元，暂列金额为580万元，主要材料所占比重为60%；

（2）工程预付款为工程造价的20%；

（3）工程进度款逐月计算；

（4）工程质量保修金为3%，在每月工程进度款中扣除，质保期满后返还。

工程1—5月份完成产值如表17所示。

表17 工程1—5月份完成产值表

| 月份 | 1 | 2 | 3 | 4 | 5 |
|---|---|---|---|---|---|
| 完成产值（万元） | 180 | 500 | 750 | 1000 | 1400 |

项目部材料管理制度要求对物资采购合同的标的、价格、结算、特殊要求等条款重点管理。其中，对合同标的的管理要包括物资的名称、花色、技术标准、质量要求等内容。

项目部按照劳动力均衡使用、分析劳动需用总工日、确定人员数量和比例等劳动力计划编制要求，编制了劳动力需求计划。重点解决了因劳动力使用不均衡，给劳动力调配带来的困难和避免出现过多、过大的需求高峰等诸多问题。

建设单位对一关键线路上的工序内容提出修改，由设计单位发出设计变更通知，为此造成工程停工10d。施工单位对此提出的索赔事项如下：

（1）按当地造价部门发布的工资标准计算停窝工人工费8.5万元；

（2）塔吊等机械停窝工台班费5.1万元；

（3）索赔工期10d。

【问题】

1.指出合同签订中的不妥之处，写出背景资料中5个合同文件解释的优先顺序。

2.计算工程的预付款、起扣点。分别计算3、4、5月份应付工程进度款、累计支付工程进度款。（单位：万元，保留小数点后两位）

3.物资采购合同重点管理的条款还有哪些？物资采购合同标的包括的主要内容还有哪些？

4.施工劳动力计划编制要求还有哪些？劳动力使用不均衡时，还会出现哪些方面的问题？

5.办理设计变更的步骤有哪些？施工单位的索赔事项是否成立？并说明理由。

## 案例 40

【背景资料】

某新建学校工程，总建筑面积12.5万m²，由12栋单体建筑组成，其中主要教学楼为钢筋混凝土框架结构，体育馆屋盖为钢结构，合同要求工程达到绿色建筑三星标准，施工单位中标后，与甲方签订合同并组建项目部。

项目部安全检查制度规定了安全检查主要形式包括日常巡查、专项检查、经常性安全检查、设备设施安全验收检查等。其中经常性安全检查方式有专职安全人员每天开展的安全巡检，项目经理等专业人员在检查生产工作的同时进行的安全检查，作业班组按要求时间进行的安全检查等。

项目部在塔吊布置时充分考虑了吊装构件重量、运输和堆放，使用后拆除和运输等因素，按照《建筑施工安全检查标准》中"塔式起重机"的载荷限制装置、吊钩、滑轮、卷筒与钢丝绳、验收与使用等保证项目和结构设施等一般项目进行了检查验收。屋盖钢结构施工高处作业安全专项方案规定如下：

（1）钢结构构件宜在地面组装，安全设施应一并设置；

（2）坠落高度超过2m的安装使用梯子攀登作业；

（3）施工层搭设的水平通道不设置防护栏杆；

（4）作为水平通道的钢梁一侧两端头设置安全绳；

（5）安全防护采用工具化、定型化设置，防护盖板用黄色和红色标示。

施工单位管理部门在装修阶段对现场施工用电进行专项安全检查的情况如下：

（1）项目仅按照项目临时用电施工组织设计进行施工用电管理；

（2）现场瓷砖切割机与砂浆搅拌机共用一个开关箱；

（3）主教学楼一开关箱使用插座插头与配电箱连接；

（4）专业电工在断电后对木工加工机械进行检查和清理。

工程竣工后，项目部组织专家对整体工程进行绿色建筑评价，评分结果见表18，专家提出资源节约项和提高与创新加分项评分偏低，为主要扣分项，建议重点整改。

表18 绿色建筑评价分值

| | 控制项基础分值 | 评价指标分项分值 | | | 资源节约 | | 提高与创新加分项分值 |
|---|---|---|---|---|---|---|---|
| 评价分值 | 400 | 100 | 100 | 100 | 200 | 100 | 100 |
| 评级得分 | 400 | 90 | 70 | 80 | 80 | 70 | 40 |

【问题】

1. 建筑工程施工安全检查的主要形式还有哪些？作业班组安全检查的时间有哪些？

2. 施工现场布置塔吊时，应考虑的因素还有哪些？安全检查标准中塔式起重机的一般项目有哪些？

3. 指出钢结构施工高处作业安全专项方案中的不妥之处，并写出正确做法（本题有3项不妥，多答不得分）。安全防护栏杆的条纹警戒标示用什么颜色？

4.指出装修阶段施工用电专项安全检查中的不妥之处,并指出正确做法。(本题有3项不妥,多答不得分)

5.写出表18中绿色建筑评价指标空缺评分项,计算绿色建筑评价总得分,并判断是否满足绿色三星标准。

## 案例 41

【背景资料】

某施工企业参加一建设项目投标,施工企业根据招标文件,工程量清单及其补充通知,答疑纪要,与建设项目相关的标准、规范等技术资料编制了投标文件。

在工程合同签订前,企业合约部又召集本企业的工程、技术、劳务、资金、财务等部门评审,确认了合同与招标、投标文件包含的合同内容、计价方式、工期等一致性。

项目部按计划招标选择劳务作业分包单位,对申请参加投标的劳务分包单位进行资格预审,审核包括劳务分包单位的企业性质、劳动力资源情况等。

施工中,建设单位对某特殊涂料使用范围提出了设计变更,经三方核实,已标价工程量清单中该涂料项目综合单价由35.68元/$m^3$调整为30.68元/$m^3$,工程量由165$m^3$调整为236$m^3$。

施工中,项目部及时提出了以下索赔事项:

(1)因建设单位未及时交付设计图纸造成工程停工9d,为此,项目部索赔工期9d,现场管理人员工资、奖金共16万元,现场工人窝工补偿费9万元;

(2)因建设单位延迟30d支付进度款1000万元,项目部按约定利率索赔利息4.9万元;

（3）因项目部办公室发生2次位置变动，项目部索赔重建费用6万元。

工程竣工后，承包商按合同约定及时办理了工程结算书，合同价款调整包括误期赔偿、暂列金额、暂估价、工程量偏差、物价变化、施工索赔、发承包双方约定的其他调整事项。

【问题】

1. 工程量清单计价的特点是什么？投标报价的编制依据还有哪些？

2. 参加合同评审的部门还有哪些？一致性内容还有哪些？

3. 对劳务分包资格预审的内容还包括哪些？

4. 特殊涂料变更后的费用是多少？费用增加了多少？工程价款的调整还有哪些因素？

5. 分别判断索赔事项是否成立，并说明理由。

## 案例 42

【背景资料】

某工程项目经理部为贯彻落实住房和城乡建设部等部门《关于加快培育新时代建筑产业工人队伍的指导意见》（住建部等12部委2020年12月印发）要求，在项目劳动用工管理中做了以下工作：

（1）要求分包单位与招用的建筑工人签订劳务合同；

（2）总包单位对农民工工资支付工作负总责，要求分包单位做好农民工工资发放工作；

（3）改善工人生活区居住环境，在集中生活区配套了食堂等必要生活机构设施，开展物业化管理。

项目经理部编制的"屋面工程施工方案"中规定：

（1）工程采用倒置式屋面，屋面构造层包括防水层、保温层、找平层、找坡层、隔离层、结构层和保护层，构造示意图如图18所示。

（2）防水层选用三元乙丙高分子防水卷材。

（3）防水层施工完成后进行雨后观察或淋水、蓄水试验，持续时间应符合规范要求。合格后再进行隔离层施工。

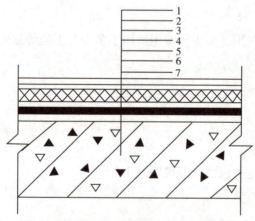

图18 倒置式屋面构造示意图（部分）

【问题】

1. 指出项目劳动用工管理工作中的不妥之处，并写出正确做法。

2.为改善工人生活区居住环境,在一定规模的集中生活区还应配套的必要生活机构设施有哪些(如食堂)?

3.常用高分子防水卷材还有哪些(如三元乙丙)?

4.常用屋面隔离层材料有哪些?屋面防水层淋水、蓄水试验持续时间各是多少小时?

5.写出图18中屋面构造层1~7对应的名称。

## 案例 43

【背景资料】

某住宅工程由7栋单体组成,地下2层,地上10~13层,总建筑面积11.5万$m^2$。施工总承包单位中标后成立项目经理部组织施工。

项目总工程师编制了临时用电组织设计,其内容包括:总配电箱设在用电设备相对集中的区域；电缆直接埋地敷设穿过临建设施时应设置警示标识进行保护；临时用电施工完成后，由编制和使用单位共同验收合格后方可使用；各类用电人员经考试合格后持证上岗工作；发现用电安全隐患，经电工排除后继续使用；维修临时用电设备，由电工独立完成；临时用电定期检查按分部、分项工程进行。临时用电组织设计报企业技术部门批准后，上报监理单位。监理工程师认为临时用电组织设计存在不妥之处，要求修改完善后再报。

项目经理部结合各级政府的工作政策，制定了绿色施工专项方案。监理工程师在审查时指出不妥之处：

（1）生产经理是绿色施工组织实施的第一责任人；

（2）施工工地内的生活区实施封闭管理；

（3）每日监测体温和健康状况；

（4）现场生活区采取灭鼠、灭蚊、灭蝇等措施，不定期投放和喷洒灭虫、消毒药物。同时要求补充发现施工人员患有法定传染病时，施工单位采取的应对措施。

项目一处双排脚手架搭设到20m时，当地遇罕见暴雨，造成地基局部下沉，外墙脚手架出现严重变形，经评估后认为不能继续使用。项目技术部门编制了该脚手架拆除方案，规定了作业时设置专人指挥，多人同时操作时，明确分工、统一行动，保持足够的操作面等脚手架拆除作业安全管理要点。该方案经审批并交底后实施。

项目部在工程质量策划中，制订了分项工程过程质量检测试验计划，部分内容见表19。施工过程质量检测试验抽检频次依据质量控制需要等条件确定。

表19 部分施工过程质量检测试验主要内容

| 类别 | 检测试验项目 | 主要检测试验参数 |
| --- | --- | --- |
| 地基与基础 | 桩基 |  |
| 钢筋 | 机械连接现场检验 |  |
| 混凝土 | 混凝土性能 |  |
|  |  | 同条件转标准养护强度 |
| 建筑节能 | 围护结构现场实体检验 |  |
|  |  | 外窗气密性能 |

对建筑节能工程围护结构子分部工程检查时，抽查了墙体节能分项工程中保温隔热材料复验报告。复验报告表明该批次酚醛泡沫塑料板的导热系数（热阻）等各项性能指标合格。

【问题】

1.写出临时用电组织设计内容与管理中不妥之处的正确做法。

2.写出绿色施工专项方案中不妥之处的正确做法。施工人员患有法定传染病时,施工单位应对措施有哪些?

3.脚手架拆除作业安全管理要点还有哪些?

4.写出表19相关检测试验项目对应的主要检测试验参数的名称(如混凝土性能;同条件转标准养护强度)。确定抽检频次的条件还有哪些?

5.建筑节能工程中的围护结构子分部工程包含哪些分项工程?墙体保温隔热材料进场时需要复验的性能指标有哪些?

案例 44

【背景资料】

某开发商拟建一城市综合体项目，预计总投资15亿元。发包方式采用施工总承包，施工单位承担部分垫资，按月度实际完成工作量的75%支付工程款，工程质量为合格，保修金为3%，合同总工期为32个月。

某总包单位对该开发商社会信誉，偿债备付率、利息备付率等偿债能力及其他情况进行了尽职调查。中标后，双方依据《建设工程工程量清单计价规范》（GB 50500—2013），对工程量清单编制方法等强制性规定进行了确认，对工程造价进行了全面审核。最终确定有关费用如下：分部分项工程费82000万元，措施费20500万元，其他项目费12800万元，暂列金额8200万元，规费2470万元，税金3750万元。双方依据《建设工程施工合同（示范文本》（GF—2017—0201）签订了工程施工总承包合同。

项目部对基坑围护提出了三个方案：A方案成本为8750万元，功能系数为0.33；B方案成本为8640万元，功能系数为0.35；C方案成本为8525万元，功能系数为0.32。最终运用价值工程方法确定了实施方案。

竣工结算时，总包单位提出的索赔事项如下：（1）特大暴雨造成停工7d，开发商要求总包单位安排20人留守现场照管工地，发生费用5.6万元。（2）本工程设计采用了某种新材料，总包单位为此支付给检测单位检验试验费4.6万元，要求开发商承担。（3）工程主体完工3个月后，总包单位为配合开发商自行发包的燃气等专业工程施工，脚手架留置比计划延长2个月拆除。为此要求开发商支付2个月脚手架租赁费68万元。（4）总包单位要求开发商按照银行同期同类贷款利率，支付垫资利息1142万元。

【问题】

1.偿债能力评价还包括哪些指标？

2.对总包合同实施管理的原则有哪些？

3.计算本工程签约合同价（单位：万元，保留2位小数）。双方在工程量清单计价管理中应遵守的强制性规定还有哪些？

4.列式计算三个基坑围护方案的成本系数、价值系数（保留小数点后3位），并确定选用哪个方案。

5.总包单位提出的索赔是否成立？并说明理由。

## 案例 45

【背景资料】

一新建工程，地下2层，地上20层，高度70m，建筑面积40000m²，标准层平面为40m×40m。项目部根据施工条件和需求，按照施工机械设备选择的经济性等原则，采用单位工程量成本比较法选择确定了塔吊型号。施工总承包单位根据项目部制定的安全技术措施、安全评价等安全管理内容提取了项目安全生产费用。

施工中，项目部技术负责人组织编写了项目检测试验计划，内容包括试验项目名称、计划试验时间等，报项目经理审批同意后实施。

项目部在"×××工程施工组织设计"中制定了临边作业、攀登与悬空作业等高处作业项目安全技术措施。在绿色施工专项方案的节能与能源利用中，分别设定了生产等用电项目的控制指标，规定了包括分区计量等定期管理要求，制定了指标控制预防与纠正措施。

在一次塔吊起吊荷载达到其额定起重量95%的起吊作业中，安全人员让操作人员先将重物吊起离地面15cm，然后对重物的平稳性、设备和绑扎等各项内容进行了检查，确认安全后同意其继续起吊作业。

在建工程施工防火技术方案中，已完成结构施工楼层的消防设施平面布置设计（图19）。图中立管设计参数为：消防用水量15L/s，水流速度$i=1.5$m/s；消防箱包括消防水枪、水带与软管。监理工程师按照《建筑工程施工现场消防安全技术规范》(GB 50720—2011)提出了整改要求。

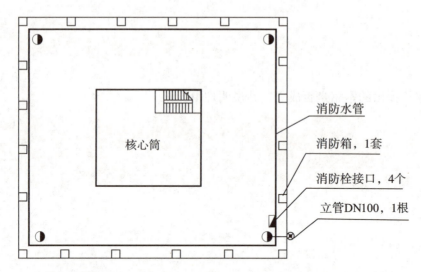

图19 标准层临时消防设施布置图（未显示部分视为符合要求）

【问题】

1.施工机械设备选择的原则和方法分别还有哪些？当塔吊起重荷载达到其额定起重量90%以上时，对起重设备和重物的检查项目有哪些？

2.安全生产费用还应包括哪些内容？需要在施工组织设计中制定安全技术措施的高处作业项目还有哪些？

3.指出项目检测试验计划管理中的不妥之处，并说明理由。项目检测试验计划内容还有哪些？

4.节能与能源利用管理中，应分别对哪些用电项设定控制指标？对控制指标定期管理的内容有哪些？

5.指出图19中的不妥之处，并说明理由。

## 案例 46

【背景资料】

某建设单位投资兴建一办公楼，投资概算25000万元，建筑面积21000m²；钢筋混凝土框架-剪力墙结构，地下2层，层高4.5m；地上18层，层高3.6m；采取工程总承包交钥匙方式对外公开招标，招标范围为工程至交付使用全过程。经公开招投标，A工程总承包单位中标。A单位对工程施工等工程内容进行了招标。

B施工单位中标了本工程施工标段，中标价为18060万元。部分费用如下：安全文明施工费340万元，其中按照施工计划2014年度安全文明施工费为226万元；夜间施工增加费22万元；特殊地区施工增加费36万元；大型机械进出场及安拆费86万元；脚手架费220万元；模板费用105万元；施工总包管理费54万元；暂列金额300万元。

B施工单位中标后第8d，双方签订了项目工程施工承包合同，规定了双方的权利、义务和责任。部分条款如下：工程质量为合格；除钢材及混凝土材料价格浮动超出±10%（含10%）、工程设计变更允许调整以外，其他一律不允许调整；工程预付款比例为10%；合同工期为485日历天，于2014年2月1日起至2015年5月31日止。

B施工单位根据工程特点、工作量和施工方法等影响劳动效率的因素，计划主体结构施工工期为120d，预计总用工为5.76万个工日，每天安排2个班次，每个班次工作时间为7个小时。

A工程总承包单位审查结算资料时，发现B施工单位提供的部分索赔资料不完整，如：原图纸设计室外回填土为2∶8灰土，实际施工时变更为级配砂石，B施工单位仅仅提供了一份设计变更单，要求B施工单位补充相关资料。

【问题】

1.除设计阶段、施工阶段以外，工程总承包项目管理的基本程序还有哪些？

2.A工程总承包单位与B施工单位签订的项目工程施工承包合同属于哪类合同？列式计算措施项目费、预付款各为多少万元？

3.与B施工单位签订的项目工程施工承包合同中，A工程总承包单位应承担哪些主要义务？

4.计算主体结构施工阶段需要多少名劳动力？编制劳动力需求计划时，确定劳动效率通常还应考虑哪些因素？

5.A工程总承包单位的费用变更控制程序有哪些？B施工单位还需补充哪些索赔资料？

# 案例 47

【背景资料】

某新建办公楼工程，总建筑面积68000m²，地下2层，地上30层。人工挖孔桩基础，设计桩长18m，基础埋深8.5m，地下水位-4.5m；裙房6层，檐口高28m，主楼高度128m，钢筋混凝土框架-核心筒结构。建设单位与施工单位签订了施工总承包合同。

施工单位主要施工方案有排桩加内支撑式基坑支护结构，裙房落地式双排扣件式钢管脚手架，主楼布置外附墙式塔式起重机，核心筒爬模施工，结构施工用胶合板模板。

施工中，木工堆场发生火灾。紧急情况下，值班电工及时断开了总配电箱开关，经查，火灾是因为临时用电布置和刨花堆放不当引起的。部分木工堆场临时用电现场布置剖面图见图20。

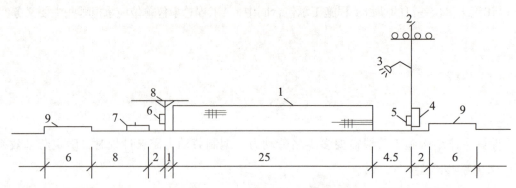

1—模板堆；2—电杆（高5m）；3—碘钨灯；4—堆场配电箱；5—灯开关箱；
6—电锯开关箱；7—电锯；8—木工棚；9—场内道路

图20 木工堆场临时用电现场布置剖面示意图（单位：m）

施工单位为接驳市政水管，安排人员在夜间进行挖沟、断路施工，被主管部门查处并要求停工整改。

在对地下室结构实体采用回弹法进行强度检验时，发现个别部位C35混凝土强度不足，项目部质量经理随即安排公司试验室检测人员采用钻芯法对该部位混凝土实体进行检验，并将检测结果报监理工程师。监理工程师认为其做法不妥，要求整改。整改后，钻芯检验的试样强度分别为28.5MPa、31MPa、32MPa。

【问题】

1.背景资料中，需要进行专家论证的项目有哪些？排桩支护结构方式还有哪些？

2.指出图20中措施做法的不妥之处，正常情况下，现场临时配电系统停电的顺序是什么？

3.对需要市政停水、封路而影响环境时的正确做法是什么？

4.说明混凝土结构实体检验管理的正确做法。该钻芯检查部位C35混凝土实体检验的结论是什么？并说明理由。

## 案例 48

【背景资料】

某新建住宅工程，建筑面积43200m²，砖混结构，投资额25910万元，建设单位自行编制了招标工程量清单等招标文件，其中部分条款内容为：本工程实行施工总承包模式，承包范围为土建、水电安装、内外装修及室外道路和小区园林景观；施工质量标准为合格；工程款按每月完成工作量的80%支付，保修金为总价的5%，招标控制价为25000万元；工期自2013年7月1日起至2014年9月30日止，为15个月；园林景观由建设单位指定专业分包单位施工。

某工程总承包单位按市场价格计算为25200万元，为确保中标最终以23500万元作为投标价，经公开招投标，该总承包单位中标，双方签订了工程施工总承包合同A，并上报建设行政主管部门，建设单位因资金紧张提出工程款支付比例修改为按每月完成工作量的70%支付，并提出今后在同等条件下该施工总承包单位可以优先中标的条件。施工总承包单位同意了建设单位这一要求，双方据此重新签订了施工总承包合同B，约定按此执行。

施工总承包单位组建了项目经理部，于2013年6月20日进场进行施工准备。进场7d内，建设单位组织设计、监理等单位共同完成了图纸绘制工作，相关方提出并签了意见，项目经理部进行了图纸交底工作。

2013年6月28日，施工总承包单位编制了项目管理实施规划，其中，项目成本目标为21620万元，项目现金流量表如表20所示。

表20　项目现金流量表

单位：万元

| 月份 | 1 | 2 | 3 | 4 | 5 | 6 | 7 | 8 | 9 | 10 | … |
|---|---|---|---|---|---|---|---|---|---|---|---|
| 月度完成工作量 | 450 | 1200 | 2600 | 2500 | 2400 | 2400 | 2500 | 2600 | 2700 | 2800 | … |
| 现金流入 | 315 | 840 | 1820 | 1750 | 1680 | 1680 | 1750 | 2210 | 2295 | 2380 | … |
| 现金流出 | 520 | 980 | 2200 | 2120 | 1500 | 1200 | 1400 | 1700 | 1500 | 2100 | … |
| 月净现金流量 | | | | | | | | | | | |
| 累积净现金流量 | | | | | | | | | | | |

截至2013年12月末，累计发生工程成本10395万元，处置废旧材料所得3.5万元，获得贷款资金800万元及施工进度奖励146万元。

内装修施工前，项目经理部发现建设单位提供的工程量清单中未包括一层公共区域地面面层子目，铺占面积1200m²。因招标工程量清单中没有类似子目，于是项目经理按照市场价格信息重新组价，综合单价1200元/m²，经现场专业监理工程师审核后上报建设单位。

2014年9月30日工程通过竣工验收，建设单位按照相关规定，提交了工程竣工验收备案表，工程竣工验收报告，人防及消防单位出具的验收文件，并获得规划、环保等部门出具的认可文件，在当地建设行政主管部门完成了相关备案工作。

【问题】

1.双方签订合同的行为是否违法？双方签订的哪份合同有效？施工单位遇到此类现象时，需要把握哪些关键点？

2.工程图纸会审还应有哪些单位参加？项目经理部进行图纸交底工作的目的是什么？

3.项目经理部制订项目成本计划的依据有哪些？施工至第几个月时项目累计现金流量为正？该月的累计净现金流量是多少万元？

4.截至2013年12月末，本项目的合同完工进度是多少？建造合同收入是多少万元（保留小数点后两位）？资金供应需要考虑哪些条件？

5.招标单位应对招标工程量清单的哪些总体要求负责？除工程量清单漏项外，还有哪些情况允许调整招标工程量清单所列工程量？依据本合同原则计算一层公共区域地面面层的综合单价（单位：元/m²）及总价（单位：万元，保留小数点后两位）。

# 案例 49

【背景资料】

某新建办公楼工程，建筑面积48000m²，地下2层，地上6层，中庭高度9m，钢筋混凝土框架结构。经公开招投标，总承包单位以31922.13万元中标，其中暂列金额1000万元。双方依据《建设工程施工合同（示范文本）》（GF—2017—0201）签订了施工总承包合同，合同工期为2013年7月1日起至2015年5月30日止，并约定在项目开工前7d支付工程预付款。预付比例为15%，从未完施工工程尚需的主要材料的价值相当于工程预付款额时开始扣回，主要材料所占比重为65%。自工程招标开始至工程竣工结算的过程中，发生了下列事件：

事件一：在项目开工之前，建设单位按照相关规定办理施工许可证，要求总承包单位做好制定施工组织设计中的各项技术措施，编制专项施工组织设计，并及时办理政府专项管理手续等相关配合工作。

事件二：总承包单位进场前与项目部签订了项目管理目标责任书，授权项目经理实施全面管理，项目经理组织编制了项目管理规划大纲和项目管理实施规划。

事件三：项目实行资金预算管理，并编制了工程项目现金流量表，其中2013年度需要采购的钢筋总量为1800t，按照工程款收支情况，提出两种采购方案。

方案一：以一个月为单位采购周期。一次性采购费为320元，钢筋单价为3500元/t，仓库月储存率为4‰。

方案二：以两个月为单位采购周期。一次性采购费为330元，钢筋单价为3450元/t，仓库月储存率为3‰。

事件四：总承包单位于合同约定之日正式开工，截至2013年7月8日建设单位仍未支付工程预付款，于是总承包单位向建设单位提出的索赔包括购置钢筋资金占用费1.88万元、利润18.26万元、税金0.58万元，监理工程师签认情况属实。

事件五：总承包单位将工程主体劳务分给某劳务公司，双方签订了劳务分包合同，劳务分包单位进场后，总承包单位要求劳务分包单位将劳务施工人员的身份证等资料的复印件上报备案。某月总承包单位将劳务分包款拨付给劳务公司，劳务公司自行发放，其中木工班长代领木工工人工资后下落不明。

【问题】

1.事件一中，为配合建设单位办理施工许可证，总承包单位需要完成哪些保证工程质量和安全的技术文件与手续？

2.指出事件二中的不妥之处，并说明正确做法。编制项目管理目标责任书的依据有哪些？

3.事件三中,列式计算采购费用和储存费用之和,并确定总承包单位应选择哪种采购方案?现金流量表中应包括哪些活动产生的现金流量?

4.事件四中,列式计算工程预付款、工程预付款起扣点(单位:万元,保留小数点后两位)。总承包单位的哪些索赔成立?

5.指出事件五中的不妥之处,并说明正确做法。按照劳务实名制管理,劳务公司还应该将哪些资料的复印件报总承包单位备案?

## 案例 50

【背景资料】

某建筑工程,占地面积8000m²,地下3层,地上34层,框筒结构,结构钢筋采用HRB400等级,底板混凝土强度等级为C35,地上三层及以下核心筒混凝土强度等级为C60。局部区域为两层通高报告厅,其主梁配置了无粘结预应力筋。该施工企业中标后进场组织施工,施工现场场地狭小,项目部将所有材料加工全部委托给专业加工场进行场外加工。在施工过程中,发生了下列事件:

事件一:在项目部依据《建设工程项目管理规范》(GB/T 50326—2017)编制的项目管

理实施规划中，对材料管理等各种资源管理进行了策划，在资源管理计划中建立了相应的资源控制程序。

事件二：施工现场总平面布置设计中包含如下主要内容。

（1）材料加工场地布置在场外；

（2）现场设置一个出入口，出入口处设置办公用房；

（3）场地附近设置宽3.8m环形载重单车道主干道（兼消防车道），并进行硬化，转弯半径10m；

（4）在主干道一侧挖400mm×600mm管沟，将临时供电线缆和临时用水管线置于管沟内，监理工程师认为总平面布置设计存在多处不妥，责令项目部整改后再验收，并要求补充主干道具体硬化方式和裸露场地文明施工防护措施。

事件三：项目经理安排土建技术人员编制了现场施工用电组织设计，经相关部门审核，项目技术负责人批准，总监理工程师签认，并组织施工等单位的相关部门和人员共同验收后投入使用。

事件四：本工程推广应用《建筑业10项新技术》（2017年版）。针对"钢筋及预应力技术"大项，可以在本工程中应用的新技术均制定了详细的推广措施。

事件五：设备安装阶段，发现拟安装在屋面的某空调机组重量超出塔式起重机限载（额定起重量）约6%，因特殊情况必须使用该塔式起重机进行吊装，经项目技术负责人安全验算后批准用塔吊起吊；起吊前先进行试吊，即将空调机组吊离地面30cm后停止上升，现场安排专人进行观察与监护。监理工程师认为施工单位做法不符合安全规定，要求整改，对试吊时的各项检查内容旁站监理。

【问题】

1.事件一中，除材料管理外，项目资源管理工作还包括哪些内容？除资源控制程序外，资源管理计划还应包括哪些内容？

2.针对事件二中施工总平面布置设计的不妥之处，分别写出正确做法。施工现场主干道常用硬化方式有哪些？裸露场地的文明施工防护通常有哪些措施？

3.针对事件三中的不妥之处，分别写出正确做法。临时用电投入使用前，施工单位的哪些部门应参加验收？

4.事件四中，按照《建筑业10项新技术》(2017年版)规定，"钢筋及预应力技术"大项中，在本工程中可以推广与应用的新技术都有哪些？

5.指出事件五中施工单位做法不符合安全规定之处，并说明理由。在试吊时，必须进行哪些检查？

## 案例 51

【背景资料】

某大型综合商场工程，建筑面积49500m²，地下1层，地上3层，现浇钢筋混凝土框架结构。建筑安装工程投资额为22000万元，采用工程量清单计价模式，报价执行《建设工程工程量清单计价规范》(GB 50500—2013)，工期自2013年8月1日至2014年3月31日，面向国内公开招标，有6家施工单位通过了资格预审进行投标。从工程招标至竣工决算的过程中，发生了下列事件：

事件一：市建委指定了专门的招标代理机构。在投标期限内，先后有A、B、C三家单位对招标文件提出了疑问，建设单位以一对一的形式书面进行了答复。经过评标委员会严格评审，最终确定E单位中标。双方签订了施工总承包合同（幕墙工程为专业分包）。

事件二：E单位的投标报价构成如下。

分部分项工程费为16100万元，措施项目费为1800万元，安全文明施工费为322万元，其他项目费为1200万元，暂列金额为100万元，管理费10%，利润5%，规费1%，税金3.413%。

事件三：建设单位按照合同约定支付了工程预付款，但合同中未约定安全文明施工费预支付比例，双方协商按照国家相关部门规定的最低预支付比例进行支付。

事件四：E施工单位对项目部安全管理工作进行检查，发现安全生产领导小组只有E单位项目经理、总工程师、专职安全管理人员。E施工单位要求项目部整改。

事件五：2014年3月30日工程竣工验收，5月1日双方完成竣工决算，双方书面签字确认于2014年5月20日前由建设单位支付未付工程款560万元（不含5%的保修金）给E施工单位。此后，E施工单位3次书面要求建设单位支付所欠款项，但是截至8月30日建设单位仍未支付560万元的未付工程款。随即E施工单位以行使工程款优先受偿权为由，向法院提起诉讼，要求建设单位支付欠款560万元，以及拖欠利息5.2万元、违约金10万元。

【问题】

1.分别指出事件一中的不妥之处，并说明理由。

2.列式计算事件二中E单位的中标造价是多少万元（保留两位小数）。根据工程项目不同建设阶段，建设工程造价可划分为哪几类？该中标造价属于其中的哪一类？

3.事件三中，建设单位预支付的安全文明施工费最低是多少万元（保留两位小数）？并说明理由。安全文明施工费包括哪些费用？

4.事件四中,项目安全生产领导小组还应有哪些人员(分单位列出)?

5.事件五中,工程款优先受偿权自竣工之日起共计多少个月?E单位诉讼是否成立?其可以行使的工程款优先受偿权是多少万元?

## 案例 52

【背景资料】

某施工单位承接了两栋住宅楼,总建筑面积65000m²,均为筏板基础(上反梁结构),地下2层,地上30层,地下结构连通,上部为两个独立单体一字设置,设计形式一致,地下室外墙南北向距离40m,东西向距离120m。施工过程中发生了以下事件:

事件一:项目经理部首先安排了测量人员进行平面控制测量定位,很快提交了测量成果,为工程施工奠定了基础。

事件二:项目经理部编制防火设施平面布置图后,立即交由施工人员按此进行施工。在基坑上口周边四个转角处分别设置了临时消火栓,在60m²的木工棚内配备了2只灭火器及相关消防辅助工具。消防检查时对此提出了整改意见。

事件三:基坑及土方施工时设置有降水井。项目经理部针对本工程具体情况制定了"×××工程绿色施工方案",对"四节一环保"提出了具体技术措施,实施中取得了良好的效果。

事件四:结构施工至12层后,项目经理部按计划设置了施工升降机,相关部门根据《建筑施工安全检查标准》(JGJ 59—2011)中"施工升降机检查评分表"的内容对施工升降机逐项进行检查,并通过验收准许使用。

事件五:房心回填土施工时正值雨季,土源紧缺,工期较紧,项目经理部在回填后立即浇筑地面混凝土面层。在工程竣工初验时,该部位地面局部出现下沉,影响使用功能,监理工程师要求项目经理部整改。

【问题】

1.事件一中,测量人员从进场测设到形成细部放样的平面控制测量成果需要经过哪些主要步骤?

2.事件二中存在哪些不妥之处?并分别给出正确做法。

3.事件三中,结合本工程实际情况,"×××工程绿色施工方案"在节水方面应提出哪些主要技术要点?

4.事件四中,"施工升降机检查评分表"检查项目包括哪些内容?

5.分析事件五中导致地面局部下沉的原因。在利用原填方土料的前提下,给出处理方案中的主要施工步骤。

## 案例 53

【背景资料】

某写字楼工程,建筑面积120000m³,地下2层,地上22层,钢筋混凝土框架-剪力墙结构,合同工期780d。某施工总承包单位按照建设单位提供的工程量清单及其他招标文件参加了该工程的投标,并以34263.29万元的报价中标,双方依据《建设工程施工合同(示范文本)》(GF—2017—0201)签订了工程施工总承包合同。

合同约定:本工程采用固定单价合同计价模式;当实际工程量增加或减少超过清单工程量的5%时,合同单价予以调整,调整系数为0.95或1.05,投标报价中的钢筋混凝土、土方的全费用综合单价分别为5800元/t、32元/m³。合同履行过程中,发生了下列事件:

事件一:施工总承包单位任命李某为该工程的项目经理,并规定其有权决定授权范围内的项目资金投入和使用。

事件二:施工总承包单位项目部对合同造价进行了分析,各项费用包括直接费26168.22万元,管理费4710.28万元,利润1308.41万元,规费945.58万元,税金1130.80万元。

事件三:施工总承包单位项目部对清单工程量进行了复核。其中,钢筋实际工程量为9600t,钢筋清单工程量为10176t;土方实际工程量为30240m³,土方清单工程量为28000m³,施工总承包单位向建设单位提交了工程价款调整报告。

事件四:普通混凝土小型空心砌块墙体施工时,项目部采用的施工工艺有:小砌块在使用时充分浇水湿润;砌块底面朝上反砌于墙上;芯柱砌块砌筑完成后立即进行该芯柱混凝土浇灌工作;外墙转角处的临时间断处留直槎,砌成阴阳槎,并设拉结筋。监理工程师提出了整改要求。

事件五:建设单位在工程竣工验收后,向备案机关提交的工程竣工验收报告包括工程报建日期、施工许可证号、施工图设计审查意见等内容和验收人员签署的竣工验收原始文件。备案机关要求补充。

【问题】

1.根据《建设工程项目管理规范》(GB/T 50326—2017),事件一中项目经理的权限还应有哪些?

2.事件二中,按照"完全成本法"核算,施工总承包单位的成本是多少万元(保留两位小数)?项目部的成本管理应包括哪些方面内容?

3.事件三中,施工总承包单位钢筋和土方工程价款是否可以调整?为什么?列式计算调整后的价款分别是多少万元(保留两位小数)?

4.指出事件四中的不妥之处,分别说明正确做法。

5.事件五中,建设单位还应补充哪些单位签署的质量合格文件?

# 案例 54

【背景资料】

某新建办公楼,地下1层,地上12层,建筑高度44m,结构类型为钢筋混凝土框架-剪力墙结构。

钢筋工程施工前，作业人员依据钢筋配料单，进行了钢筋调直和表面除锈。在一层梁、板钢筋安装完成后，施工单位第一时间通知监理单位进行钢筋隐蔽工程验收。

二次结构填充墙砌体施工时，施工人员根据设计图纸要求进行填充墙砌体砌筑。砌体与构造柱的连接处采用先浇柱后砌墙的施工顺序，并按要求设置拉结钢筋。

监理工程师在施工安全检查中发现，该主体结构施工至第10层时，临时消防设施安装至第6层，消防设施采用黄色提醒标志。为了节约成本，施工单位将管径为75mm的临时消防竖管用作施工用水管线。

节能分部工程完工后，专业监理工程师组织并主持节能分部工程验收，施工单位项目负责人、项目技术负责人和相关专业的负责人、质量检查员、施工员；施工单位的质量负责人、分包单位负责人、节能设计人员参加了验收。

【问题】

1.钢筋加工除调直和除锈外，还有哪些加工工作？

2.指出施工单位在钢筋隐蔽工程验收程序中的不妥之处，并说明理由。

3.指出二次结构填充墙砌体施工中的不妥之处，并写出正确做法。

4.针对监理工程师在施工现场安全检查中发现的问题，并写出正确做法。

5.针对节能分部工程验收中的不妥之处,并写出正确做法。

## 案例 55

【背景资料】

某施工单位承接一工程,双方按《建设项目工程总承包合同(示范文本)》(GF—2020—0216)签订了工程总承包合同。合同部分内容:质量为合格,工期6个月,按月度完成工作量的85%支付进度款,总价包干。分部分项工程费见表21。

表21 分部分项工程费

| 名称 | 工程量 | 综合单价 | 费用(万元) |
| --- | --- | --- | --- |
| A | 9000m³ | 2000元/m³ | 1800 |
| B | 12000m³ | 2500元/m³ | 3000 |
| C | 15000m² | 2200元/m² | 3300 |
| D | 4000m² | 3000元/m² | 1200 |

措施费为分部分项工程费的16%,安全文明施工费为分部分项工程费的6%。其他项目费用包括:暂列金额100万元;分包专业工程暂估价200万元,另计总包服务费5%。规费费率2.05%,增值税税率9%。

工程某施工设备从以下三种型号中选择,设备每天使用时间均为8小时。设备相关信息见表22。

表22 三种型号设备相关信息

| 设备 | 固定费用(元/d) | 可变费用(元/h) | 单位时间产量(m³/h) |
| --- | --- | --- | --- |
| E | 3200 | 560 | 120 |
| F | 3800 | 785 | 180 |
| G | 4200 | 795 | 220 |

施工单位进场后,技术人员发现土建图纸中缺少了建筑总平面图,要求建设单位补发。按照施工平面管理总体要求,包括满足施工要求、不损害公众利益等内容,绘制了施工平面布置图,满足了施工需要。

施工单位为保证施工进度,针对编制的劳动力需求计划,综合考虑现有工作量、劳动力投入量、劳动效率、材料供应能力等因素,进行了钢筋加工劳动力调整。在20d内完成了3000t钢筋加工制作任务,满足了施工进度要求。

【问题】

1.通常情况下,一套完整的建筑工程土建施工图纸由哪几部分组成?

2.除质量标准、工期、工程价款与支付方式外,签订合同签约价时还应明确哪些事项?

3.建筑工程施工平面管理的总体要求还有哪些?

4.分别计算签约合同价中的项目措施费、安全文明施工费、签约合同价。(单位:万元,计算结果四舍五入取整数)

5.用单位工程量成本比较法列式计算选用哪种型号的设备［计算公式：$C=(R+F\times X)/Q\times X$］。除考虑经济性外，施工机械设备选择原则还有哪些？

6.如果每人每个工作日的劳动效率为5t，完成钢筋加工制作投入的劳动力是多少人？编制劳动力需求计划时需要考虑的因素还有哪些？

## 案例 56

【背景资料】

某酒店工程，建筑面积2.5万 $m^2$，地下1层，地上12层。其中标准层10层，每层标准客房18间，每间35 $m^2$；裙房设宴会厅1200 $m^2$，层高9m。施工单位中标后开始组织施工。

施工单位企业安全管理部门对项目贯彻企业安全生产管理制度情况进行了检查，检查内容有安全生产教育培训、安全生产技术管理、分包（供）方安全生产管理、安全生产检查和改进等。

宴会厅施工"满堂脚手架"搭设完成自检后，监理工程师按照《建筑施工安全检查标准》（JGJ 59—2011）的要求对施工现场的保证项目和一般项目进行了安全检查，检查结果如表23所示。

表23 满堂脚手架检查结果（部分）

| 检查内容 | 施工方案 | 架体稳定 | 杆件锁件 | 脚手板 | | | 构配件材质 | 荷载 | | 合计 |
|---|---|---|---|---|---|---|---|---|---|---|
| 满分值 | 10 | 10 | 10 | 10 | 10 | 10 | 10 | 10 | 10 | 100 |
| 得分值 | 10 | 10 | 10 | 9 | 8 | 9 | 8 | 9 | 10 | 9 | 92 |

宴会厅顶板混凝土浇筑前，施工技术人员向作业班组进行了安全专项方案交底，针对混凝土浇筑过程中，可能出现的包括浇筑方案不当使支架受力不均衡，产生集中荷载、偏心荷载等多种安全隐患形式，提出了预防措施。

标准客房样板间装修完成后，施工总承包单位和专业分包单位进行初验，其装饰材料的燃烧性能检查结果如表24所示。

表24 样板间装饰材料燃烧性能检查表

| 部位 | 顶棚 | 墙面 | 地面 | 隔断 | 窗帘 | 固定家具 | 其他装饰材料 |
|---|---|---|---|---|---|---|---|
| 燃烧性能等级 | $A+B_1$ | $B_1$ | $A+B_1$ | $B_2$ | $B_2$ | $B_2$ | $B_3$ |

注：$A+B_1$指A级和$B_1$级材料均有。

竣工交付前，项目部按照每层抽一间，每间取一点，共抽取10个点，占总数5.6%的抽样方案，对标准客房室内环境污染物浓度进行了检测。检测结果如表25所示。

表25 标准客房室内环境污染物浓度检测表（部分）

| 污染物 | 民用建筑 | |
|---|---|---|
| | 平均值 | 最大值 |
| TVOC（$mg/m^3$） | 0.46 | 0.52 |
| 苯（$mg/m^3$） | 0.07 | 0.08 |

【问题】

1.施工企业安全生产管理制度内容还有哪些？

2.写出满堂脚手架检查内容中的空缺项，分别写出属于保证项目和一般项目的检查内容。

3.混凝土浇筑过程的安全隐患主要表现形式还有哪些？

4.改正表24中燃烧性能不符合要求部位的错误做法。装饰材料燃烧性能分几个等级？并分别写出代表含义（如：A—不燃）。

5.写出建筑工程室内环境污染物浓度检测抽检量要求，标准客房抽样数量是否符合要求？

6.表25的污染物浓度是否符合要求？应检测的污染物还有哪些？

## 案例 57

【背景资料】

某新建住宅楼工程，建筑面积25000m²，装配式钢筋混凝土结构。建设单位编制了招标工程量清单等招标文件，其中部分条款内容为：本工程实行施工总承包模式，承包范围为土建、电气等全部工程内容；质量标准为合格；开工前业主向承包商支付合同工程造价的25%作为预付备料款；保修金为总价的3%。经公开招投标，某施工总承包单位以12500万元中标。其中，工地总成本9200万元，公司管理费按10%计，利润按5%计，暂列金额1000万元，主要材料及构配件金额占合同额70%。

双方签订了工程施工总承包合同。项目经理部按照包括统一管理、资金集中等内容的资金管理原则，编制年、季、月度资金收支计划，认真做好项目资金管理工作。施工单位按照建设单位要求，通过专家论证，采用了一种新型预制钢筋混凝土剪力墙结构体系，致使实际工地总成本增加到9500万元。施工单位在工程结算时，对增加费用进行了索赔。

项目经理部按照优先选择单位工程量使用成本费用（包括可变费用和固定费用，如大修理费、小修理费等）较低的原则，施工塔吊供应渠道选择企业自有设备调配。

项目检验试验由建设单位委托具有资质的检测机构负责，施工单位支付了相关费用，并向建设单位提出以下索赔事项：

（1）现场自建试验室费用超预算费用3.5万元；
（2）新型钢筋混凝土预制剪力墙结构验证试验费25万元；
（3）新型钢筋混凝土剪力墙预制构件抽样检测费12万元；
（4）预制钢筋混凝土剪力墙板破坏性试验费8万元；
（5）施工企业采购的钢筋连接套筒抽检不合格而增加的检测费1.5万元。

【问题】

1.施工总承包通常还包括哪些工程内容（如土建、电气）？

2.该工程预付备料款和起扣点分别是多少万元？（精确到小数点后两位）

3.项目资金管理原则还有哪些内容？

4.施工单位工地总成本增加,用总费用法分步计算索赔值是多少万元?(精确到小数点后两位)

5.项目施工机械设备的供应渠道有哪些?机械设备使用成本费用中固定费用有哪些?

6.分别判断检测试验索赔事项的各项费用是否成立。

## 案例 58

【背景资料】

某酒店工程,建筑面积28700m²,地下1层,地上15层,现浇钢筋混凝土框架结构。建设单位依法进行招标,投标报价执行《建设工程工程量清单计价规范》(GB 50500—2013)。共有甲、乙、丙等8家单位参加了工程投标。经过公开开标、评标,最终确定甲施工单位中标。建设单位与甲施工单位按照《建设工程施工合同(示范文本)》(GF—2017—0201)签订了施工总承包合同。合同部分条款约定如下:

(1)本工程合同工期549d;

(2)本工程采取综合单价计价模式;

(3)包括安全文明施工费的措施费包干使用;

（4）因建设单位责任引起的工程实体设计变更发生的费用予以调整；

（5）工程预付款比例为10%。

合同履行过程中，发生了下列事件：

事件一：在投标过程中，乙施工单位在自行投标总价基础上下浮5%进行报价。评标小组经认真核算，认为乙施工单位报价中的部分费用不符合《建设工程工程量清单计价规范》》(GF—2017—0201)中不可作为竞争性费用条款的规定，给予废标处理。

事件二：甲施工单位投标报价书中土石方工程量为650m³，定额单价人工费为8.4元/m³，材料费为12元/m³，机械费为1.6元/m³。分部分项工程量清单合价为8200万元，措施费项目清单合价为360万元，暂列金额为50万元，其他项目清单合价为120万元，总包服务费为30万元，企业管理费为15%，利润为5%，规费为225.68万元，税金为3.41%。

事件三：甲施工单位与建设单位签订施工总承包合同后，按照《建设工程项目管理规范》(GB/T 50326—2017)进行了合同管理工作。

事件四：甲施工单位加强对劳务分包单位的日常管理，坚持开展劳务实名制管理工作。

事件五：施工单位随时将建筑垃圾、废弃包装、生活垃圾等常见固体废物按相关规定进行了处理。

事件六：在基坑施工中，由于正值雨季，施工现场的排水费超出中标中的费用3万元，甲施工单位及时向建设单位提出了索赔要求，建设单位不予支持。对此，甲施工单位向建设单位提交了索赔报告。

【问题】

1.事件一中，评标小组做法是否正确？指出不可作为竞争性费用的项目。

2.事件二中，甲施工单位所报的土石方分项工程综合单价是多少元/m³？中标造价是多少万元？工程预付款金额是多少万元？（均需列式计算，答案保留小数点后两位）

3.事件三中,甲施工单位合同管理工作中,应执行哪些程序?

4.事件四中,按照劳务实名制管理要求,在劳务分包单位进场时,甲施工单位要求劳务分包单位提交哪些资料进行备案?

5.事件五中,施工产生的固体废物的主要处理方法有哪些?

6.事件六中,甲施工单位索赔是否成立?在建设工程施工过程中,施工索赔起因有哪些?

# 参考答案

## 【案例1】

1.（1）不妥1：上下层的钢筋网钢筋交叉点均进行了相隔交错扎牢。

正确做法：四周两行钢筋交叉点应每点扎牢，中间部分交叉点可相隔交错扎牢。

不妥2：所有绑扎点的钢丝扣方向一致。

正确做法：绑扎点的钢丝扣要成八字形，以免网片歪斜变形。

（2）板的钢筋在上，次梁的钢筋居中，主梁的钢筋在下。

2.不妥1：先砌筑墙体、再砌筑砖垛。

正确做法：砖垛应与所附砖墙同时咬槎砌筑。

不妥2：砖垛每隔2皮与砖墙搭砌。

正确做法：砖垛应隔皮与砖墙搭砌。

不妥3：砖柱选用至少1/2砖长砌筑。

正确做法：砖柱应选用整砖砌筑。

3.（1）公历纪元、北京时间作为统一时间基准。

（2）沉降观测的周期和时间要求：

①在基础完工后和地下室砌完后开始观测；

②民用高层建筑宜以每加高2~3层观测1次；

③如建筑施工均匀增高，应至少在增加荷载的25%、50%、75%、100%时各测1次；

④施工中若暂时停工，停工时及重新开工时要各测1次，停工期间每隔2~3月测1次；

⑤竣工后运营阶段的观测次数：在第一年观测3~4次，第二年观测2~3次，第三年开始每年1次，到沉降达到稳定状态和满足观测要求为止。

## 【案例2】

1.A：禁止。

B：限制。

C：—。

D：不得用于25m及以上的建设工程。

E：普通钢筋调直机、数控钢筋调直切断机的钢筋调直工艺。

F：人货两用施工升降机等。

G：LED灯、节能灯。

2.1F等效龄期为19d，日平均气温累计数为611℃·d。

2F等效龄期为18d，日平均气温累计数为600.5℃·d。

3F等效龄期为18d，日平均气温累计数为616.5℃·d。

3.（1）统计方法评定，非统计方法评定。

（2）合格。

理由：1F、2F、3F柱强度评定值分别为38.5N/mm²、54.5N/mm²、47.0N/mm²。合格评定系数$\lambda_3$=1.15、$\lambda_4$=0.95，$f_{cu,k}$=40N/mm²。

①平均值=（38.5+54.5+47.0）/3=46.67≥1.15×40=46（合格）。

②最小值=38.5≥0.95×40=38（合格）。

4.（1）图1-1：施工放线；图1-2：构造柱施工；图1-3：墙体砌筑；图1-4：卫生间坎台施工。

（2）施工顺序：1-4-3-2。

## 【案例3】

1.（1）5个等级。

（2）分为沉降观测基准点和位移观测基准点。

（3）沉降观测基准点：在特等、一等沉降观测时≥4个；其他等级沉降观测时≥3个。基准之间应形成闭合环。

位移观测基准点：对水平位移观测、基坑监测和边坡监测，在特等、一等位移观测时≥4个；其他等级位移观测时≥3个。

2.（1）沉陷收缩、干燥收缩、碳化收缩、凝结收缩等收缩现象。

（2）原因：①混凝土原材料质量不合格，如骨料含泥量大等。

②水泥或掺合料用量超出规范规定。

③混凝土水胶比、坍落度偏大，和易性差。

④混凝土浇筑振捣差，养护不及时或养护差。

3.（1）龄期为28d；含水率宜小于30%。

（2）水平灰缝厚度和竖向灰缝宽度≤15mm，填充墙砌筑砂浆的灰缝饱满度均应≥80%，且空心砖砌块竖缝应填满砂浆，不得有透明缝、瞎缝、假缝。

4.（1）工艺流程内容：铺设结合层砂浆、铺砖、养护、检查验收、勾缝、成品保护。

（2）勾缝质量要求：平整、光滑、深浅一致，且缝应略低于砖面。

## 【案例4】

1.（1）复打法或反插法。

（2）沉管灌注桩成桩过程为：桩机就位→锤击（振动）沉管→上料→边锤击（振动）边拔管，并继续浇筑混凝土→下钢筋笼，继续浇筑混凝土及拔管→成桩。

2.（1）大体积混凝土施工温控指标应符合下列规定：

①混凝土浇筑体在入模温度基础上的温升值不宜大于50℃；

②混凝土浇筑体里表温差（不含混凝土收缩当量温度）不宜大于25℃；

③混凝土浇筑体降温速率不宜大于2.0℃/d；

④拆除保温覆盖时混凝土浇筑体表面与大气温差不应大于20℃。

（2）沿底板厚度方向的测温点布置要求：

①沿混凝土浇筑体厚度方向，应至少布置表层、底层和中心温度测点，测点间距不宜大于500mm；

②混凝土浇筑体表层温度，宜为混凝土浇筑体表面以内50mm处的温度；

③混凝土浇筑体底层温度，宜为混凝土浇筑体底面以上50mm处的温度。

3.（1）麻面、露筋、蜂窝、孔洞。

（2）A：50；B：75；C：100。

4.（1）"三交底"：

①施工主管向施工工长交底；

②工长向班组长交底；

③班组长向班组成员交底。

（2）"三检制"：自检、互检及工序交接检查。

## 【案例5】

1.（1）不妥1：施工进度总计划在项目经理领导下编制。

不妥2：社区活动中心开工后编制社区活动中心施工进度计划。

不妥3：社区活动中心施工进度计划由项目技术负责人组织。

（2）编制说明的内容还包含假设条件，指标说明，实施重点和难点，风险估计及应对措施等。

2.（1）变化的逻辑关系：④┈▶⑥，⑦┈▶⑧。

（2）调整后的总工期=4+3+4+3+2=16（d）。

关键线路：B→E→G→J→P和B→E→G→K→P。

3.应采取以下措施：

（1）制定保证总工期不突破的对策措施；

（2）制定总工期突破后的补救措施；

（3）调整相应的施工计划，并组织协调相应的配套设施和保障措施。

4.（1）分项工程包括模板工程、钢筋工程、混凝土工程、预应力工程、现浇结构工程、装配式结构工程。

（2）混凝土结构实体检验项目还包括混凝土强度、结构位置及尺寸偏差以及合同约定的其他项目。

## 【案例6】

1.不妥1：投标人为本省具有一级资质证书的企业。

不妥2：投标保证金为500万元。

不妥3：招标人以书面形式回复对应的投标人。

不妥4：5月17日与中标人签订合同。

不妥5：合同约定工程质量为优良。

2.（1）不合理。

理由：发包人提供的材料提前进场，承包人应接收并妥善保管，但承包人对构件保管不善，因构件堆放层数过多而造成的损失由承包人承担。

（2）施工方可获得1个月的材料保管费赔偿。

3.（1）隐蔽验收检验项目：钢筋的牌号、规格、数量、位置、间距、箍筋弯钩的弯折角度及平直段长度；钢筋的连接方式、接头位置、接头数量、接头面积百分率、搭接长度、锚固方式及锚固长度。

（2）材料的验证内容还包括品种、规格、数量、见证取样。

（3）质量控制环节还有材料的采购、材料进场试验检验、过程保管和材料使用。

4.（1）不正确。

（2）不妥之处：接头高出地面0.8m。

（3）桩基分为四类。

（4）Ⅱ类桩的特点：桩身有轻微缺陷，不影响桩身结构承载力的正常发挥。

## 【案例7】

1.（1）不妥1：专家论证会由基坑支护专业施工单位组织召开。

不妥2：总承包单位技术负责人以专家身份参加论证会。

（2）参加专家论证会的单位还有建设单位、勘察单位、设计单位。

2.各施工工作流水节拍：垫层3d，防水3d，钢筋9d，模板6d，混凝土6d。

各施工工作所需专业队数量：垫层=3/3=1（队），防水=3/3=1（队），钢筋=9/3=3（队），模板=6/3=2（队），混凝土=6/3=2（队）。

3.（1）进度计划监测检查方法还有横道计划比较法、网络计划法、S形曲线法、香蕉型曲线比较法等。

（2）钢筋-3：进度正常。模板-2：进度提前3d。混凝土-1：进度延误3d。

4.（1）门窗子分部工程还包括木门窗安装工程、金属门窗安装工程、特种门安装工程、门窗玻璃安装工程等分项工程。

（2）有关安全和功能检测的项目还有水密性能、抗风压性能。

## 【案例8】

1.不妥1：回填土料混有建筑垃圾。

正确做法：回填土料不得有建筑垃圾，应尽量采用同类土回填。

不妥2：土料铺填厚度大于400mm。

正确做法：填土施工的分层厚度应控制在250~350mm。

不妥3：采用振动压实机压实2遍成活。

正确做法：每层压实遍数至少3~4次。

不妥4：每天将回填的2~3层用环刀法取的土样统一送检测单位检测压实系数。

正确做法：每层都要取样送检。

2.（1）不妥1：模板独立支设。

不妥2：剔除模板用钢丝网。

不妥3：基础底板后浇带10d后封闭。

（2）将已硬化的混凝土表面接槎处清理干净，并加以充分湿润和冲洗干净，再铺一层与混凝土内成分相同的水泥砂浆。采用提高一个强度等级和抗渗等级的微膨胀混凝土浇筑，并细致振捣，养护至少14d。

3.（1）不妥1：留置了3组边长为70.7mm的立方体灌浆料标准养护试件。

正确做法：应当留置40mm×40mm×160mm的试块。

不妥2：留置了1组边长为70.7mm的立方体坐浆料标准养护试件。

正确做法：至少留置3组试块。

不妥3：施工单位选取第4层外墙板竖缝两侧11m²的部位在现场进行淋水试验。

正确做法：抽查部位应为相邻两层四块墙板形成的水平和竖向十字接缝区域，面积不得少于10m²，进行现场淋水试验。

（2）质量要求有饱满、密实，所有出口均应出浆。

## 【案例9】

1.（1）不妥当。

（2）质量计划中管理记录还应包括：施工日记和专项施工记录；交底记录；上岗培训记录和岗位资格证明；图纸、变更设计接收和发放的有关记录。

2.（1）分项工程按主要材料、施工工艺、设备类别进行划分。

（2）检验批按工程量、施工段、变形缝进行划分。

3.（1）外墙保温材料的复试项目：热阻、密度、压缩强度或抗压强度、垂直于板面方向的抗拉强度、吸水率。

（2）粘结材料的复试项目：拉伸粘结强度。

（3）增强材料的复试项目：力学性能、抗腐蚀性能。

4.工序依次还有：除去旧胶结料→依次粘贴好旧卷材→铺贴一层新卷材（四周与旧卷材搭接≥100mm）→再粘贴旧卷材→上面覆盖铺贴第二层新卷材→周边压实刮平，重做保护层。

## 【案例10】

1.（1）不妥1：试验员制作见证记录。

正确做法：由见证人员制作见证记录。

不妥2：总包项目部向检测机构支付检测费用。

正确做法：由建设单位向检测机构支付检测费用。

（2）见证记录还有制样、标识、封志、送检，并签字确认。

2.图4-1-麻面；图4-2-裂缝；图4-3-层间错台；图4-4-孔洞；图4-5-露筋；图4-6-蜂窝。

3.1-基础垫层；2-防水找平层；3-防水加强层；4-卷材防水层；5-防水保护层；6-外贴止水带；7-止水钢板。

4.凿除胶结不牢固部分的混凝土至密实部位，清理表面，支设模板，洒水湿润后并涂抹混凝土界面剂，采用比原混凝土强度等级高一级的细石混凝土浇筑密实，养护时间不应少于7d。

## 【案例11】

1.面层构造的技术要求还包括：厚度80~100mm，设计强度等级≥C20；应配置钢筋网和通长的加强钢筋，宜采用HPB300级钢筋，钢筋网用直径6~10mm、间距150~250mm，加强钢筋用直径14~20mm。土钉与加强钢筋宜采用焊接方式连接。

2.现场文明施工内容还包括：规范场容，保持作业环境整洁卫生；创造文明有序安全的生产条件；减少对居民和环境的不利影响。

3.（1）不妥1：手提式灭火器的顶部离地面的高度为1.6m。

正确做法：手提式灭火器的顶部离地面的高度应小于1.5m。

不妥2：食堂设置了独立制作间和冷藏设施。

正确做法：食堂除设置独立制作间和冷藏设施外，还应当设置排风设施。

不妥3：燃气罐放置在通风良好的杂物间。

正确做法：燃气罐应单独设置存放间，且存放间应通风良好并严禁存放其他物品。

（2）手提式灭火器应放置于挂钩、托架上或消防箱内。对于环境干燥、条件较好的场所，可直接放在地面上。

4.（1）妥当。

（2）对可能影响结构安全的砌体裂缝，应由有资质的检测单位检测鉴定，需返修或加固处理的，待返修或加固处理满足使用要求后进行二次验收。

## 【案例12】

1.（1）关键线路：①→②→③→④→⑥→⑦→⑧。工期为21个月。

（2）基础施工的流水节拍数为3月，上部结构的流水节拍数为6月。

（3）成倍节拍流水步距$K=(3,3,6,3)_{最大公约数}=3$。

专业施工队数$N=1+1+2+1=5$（队）。

总工期$T=(M+N-1)K=(2+5-1)\times3=18$（月）。

2.（1）A——承载力，B——抗拉强度，C——配合比设计，D——粘结强度。

（2）调整施工检测试验计划的情况还有设计变更，施工工艺改变，材料和设备的规格、型号和数量改变。

3.不妥1：袋装水泥堆放在仓库地面。

正确做法：水泥底层应架空通风。

不妥2：室外露天采光井采用编织布覆盖固定。

正确做法：室外露天采光井全部用盖板盖严并固定，同时铺上塑料薄膜。

不妥3：砌体每日砌筑高度不超过1.5m。

正确做法：砌体每日砌筑高度不得超过1.2m。

4.（1）主体结构分部工程的验收人员还应有：

①施工单位项目技术负责人；

②施工单位技术部门负责人；

③施工单位质量部门负责人；

④设计单位项目负责人。

（2）结构实体检验项目还有：

①钢筋保护层厚度；

②结构位置；

③尺寸偏差；

④合同约定的项目。

## 【案例13】

1.（1）不妥1：项目部在开工后编制了项目质量计划。

正确做法：工程项目开工前应进行质量策划，编制项目质量计划。

不妥2：根据工程进展实施静态管理。

正确做法：根据工程进展实施动态管理。

（2）质量控制点的关键部位和环节还有：

①影响结构安全的关键部位、关键环节；

②采用新技术、新工艺的部位和环节；

③隐蔽工程验收。

2.（1）检测方法还有钻芯法、低应变法、声波透射法。

（2）标准规定：工程桩应进行桩身完整性检验；抽检数量不应少于总桩数的20%，且不应少于10根。每根柱子承台下的桩抽检数量不应少于1根。

3.（1）不妥1：受压接头不宜大于75%。

正确做法：受压接头可不受限制。

不妥2：直接承受动力荷载的结构构件采用机械连接时，不宜超过50%。

正确做法：直接承受动力荷载的结构构件采用机械连接时，不应超过50%。

（2）现场钢筋直螺纹加工和安装质量检测专用工具还有通规、止规、游标卡尺、管钳扳手、扭力扳手等。

4.（1）不妥1：找平层的分格缝设置不当。

不妥2：屋面板因温度变化产生胀缩。

不妥3：卷材搭接长度太小。

（2）钉钉子法的正确做法：当施工后不久，卷材有下滑趋势时，可在卷材的上部离屋脊300~450mm范围内钉三排50mm长圆钉，钉眼上灌胶结料。卷材流淌后，横向搭接若有错动，应清除边缘翘起处的旧胶结料，重新灌胶结料，并压实刮平。

# 【案例14】

1.（1）措施还包括永临结合、临时设施和周转材料重复利用、施工过程管控等措施。

（2）金属类：废弃钢筋、钢管、铁丝。

非金属类：废弃混凝土、砂浆、水泥。

2.（1）费用最低：（400×3）+（410×2）=2020（元）。

（2）调整后的网络图：

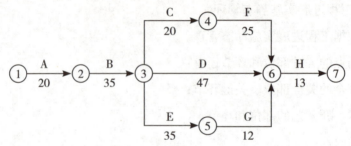

此时，关键线路为A→B→D→H和A→B→E→G→H。

3.调整进度计划的方法：

（1）关键工作的调整；

（2）非关键工作的调整；

（3）改变某些工作间的逻辑关系；

（4）剩余工作重新编制进度计划；

（5）资源调整。

4.（1）主体结构防水，细部构造防水，特殊施工法结构防水，排水，注浆。

（2）地基与基础工程验收按施工企业自评、设计认可、监理核定、业主验收、政府监督的程序进行。

## 【案例15】

1.（1）调整后的工程施工进度计划网络图：

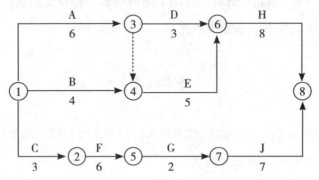

关键线路：A→E→H。

（2）总工期：19个月。

2.（1）工艺关系、组织关系。

（2）联系、区分、断路。

3.（1）施工单位首次采用的钢材、焊接材料、焊接方法、接头形式、焊接位置、焊后热处理制度以及焊接工艺参数、预热和后热措施等各种参数及参数的组合,应在钢结构制作及安装前进行焊接工艺评定试验。

(2)裂纹、孔穴、固体夹杂、形状缺陷和除上述以外的其他缺陷。

4.(1)单位工程质量验收合格的标准:①所含分部工程的质量均应验收合格;②质量控制资料应完整;③所含分部工程中有关安全、节能、环境保护和主要使用功能的检验资料应完整;④主要使用功能的抽查结果应符合相关专业验收规范的规定;⑤观感质量应符合要求。

(2)当工程质量控制资料部分缺失时,应委托有资质的检测机构按有关标准进行相应的实体检验或抽样试验。

## 【案例16】

1.结算时钢筋的综合单价=4433+(3500−2500)×(1+2%)=5453(元/t)。

钢筋分项的结算价款=5453×250×(1+11.5%)=1520023.75(元)

2.(1)不正确。

(2)竣工验收资料提交流程:

①各专业承包单位应向施工总承包单位移交施工资料,施工总承包单位向建设单位移交资料;

②监理单位、设计单位、勘察单位应向建设单位移交资料;

③建设单位向城建档案管理部门移交工程档案,并办理相关手续。

3.因素分析法:

| 顺序 | 因素 | 计算 | 差异 | 因素分析 |
| --- | --- | --- | --- | --- |
| 目标成本 | — | 310×970×(1+1.5%)=305210.5(元) | — | — |
| 第1次替代 | 产量 | 332×970×(1+1.5%)=326870.6(元) | 326870.6−305210.5=21660.10(元) | 产量增加使成本增加21660.10元 |
| 第2次替代 | 单价 | 332×980×(1+1.5%)=330240.4(元) | 330240.4−326870.6=3369.80(元) | 单价增加使成本增加3369.80元 |
| 第3次替代 | 损耗率 | 332×980×(1+2%)=331867.2(元) | 331867.2−330240.4=1626.80(元) | 损耗率增加使成本增加1626.80元 |

4.索要的工程款=[25×4×4−25×(4−0.4×2)×(4−0.4)]×(520−25)×(1+11.5%)=61815.6(元)。

## 【案例17】

1.（1）A：2.5万$m^2$；B：100；C：72；D：80；E：优良；F：甲。

（2）施工安全检查的评定结论分为优良、合格和不合格三个等级。

（3）优良：分项检查评分表无零分，汇总表的分值应≥80分。

合格：分项检查评分表无零分，汇总表得分值应<80分且≥70分。

不合格：当汇总表的分值不足70分时；或当有一分项检查评分表为零时。

2.安全检查形式还包括日常巡查、专项检查、经常性安全检查、节假日安全检查、专业性安全检查和设备设施安全验收检查。

3.（1）不妥1：个别宿舍住有18人。

正确做法：每间宿舍居住人员≤16人。

不妥2：窗户为封闭式窗户。

正确做法：现场宿舍必须设置可开启式窗户。

不妥3：通道宽度为0.8m。

正确做法：通道宽度应≥0.9m。

（2）上岗应穿戴洁净的工作服、工作帽和口罩，应保持个人卫生，不得穿工作服出食堂。

4.（1）总得分$Q$=（400+90+80+75+80+80+100）/10=90.5（分）。

（2）该建筑属于三星级。

（3）绿色建筑评价等级还有基本级、一星级、二星级。

（4）生活便利评分项还有服务设施、智慧运行、物业管理。

## 【案例18】

1.（1）设计配合比的各材料组成用量如下：

水泥=400.00kg

中砂=400×1.7=680.00kg

碎石=400×2.8=1120.00kg

水=400×0.46=184.00kg

（2）施工配合比的各材料组成用量分别为：

水泥=400×（1-20%）=320.00（kg）

中砂=400×1.7×(1+4%)=707.20(kg)

碎石=400×2.8×(1+1.2%)=1133.44(kg)

水=400×(0.46−1.7×4%−2.8×1.2%)=143.36(kg)

粉煤灰=400×20%=80.00(kg)

2.浇筑顺序为C−A−D−B或C−A−B−D。

3.布置五层测温点。

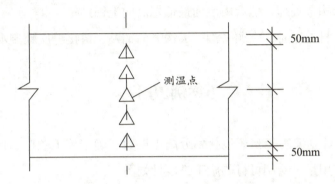

4.混凝土水平运输设备主要有手推车、机动翻斗车、混凝土搅拌输送车等,垂直运输设备主要有井架等,泵送设备主要有汽车泵、移动泵、固定泵,为了提高生产效率,混凝土输送泵管道终端通常同混凝土布料机(布料杆)连接,共同完成混凝土浇筑时的布料工作。

## 【案例19】

1.(1)不妥1:由项目技术负责人组织编写项目质量计划书。

不妥2:报请施工单位质量管理部门审批后实施。

不妥3:没有经过发包方和监理方认可。

(2)质量管理记录还包括:施工日记和专项施工记录;交底记录;上岗培训记录和岗位资格证明。

2.不妥1:填充墙与柱连接钢筋间距600mm。

正确做法:填充墙与柱连接钢筋间距≤500mm。

不妥2:填充墙与柱连接钢筋伸入墙内500mm。

正确做法:填充墙与柱连接钢筋每边伸入墙内≥1m。

不妥3:填充墙顶部空隙部位,在墙体砌筑7d后,采取两边对称斜砌填实。

正确做法:填充墙顶部空隙部位应在下部墙砌完14d后砌筑。

不妥4:化学植筋连接筋φ6做拉拔试验时,将轴向受拉非破坏承载力检验值设为5.0kN。

正确做法：锚固钢筋拉拔试验的轴向受拉非破坏承载力检验值应为6.0kN。

不妥5：拉拔试验持荷时间2min，期间各检测结果符合相关要求，即判定该试样合格。

正确做法：持荷2min期间荷载值降低不大于5%，方可判定试样合格。

3.（1）屋面防水卷材铺贴方法还有冷粘法、热粘法、热熔法、自粘法、焊接法、机械固定法等。

（2）屋面防水卷材铺贴顺序和方向要求还有：

①应先进行细部构造处理，然后由屋面最低标高向上铺贴；

②檐沟、天沟卷材施工时，宜顺檐沟、天沟方向铺贴，搭接缝应顺流水方向。

## 【案例20】

1.单位工程进度计划编制步骤还包括划分施工层数、确定施工顺序、计算工程量、计算劳动量或机械台班需用量、绘制可行的施工进度计划图。

2.（1）图10中，工程总工期为22个月。

（2）管道安装的总时差为1个月。

管道安装的自由时差为0个月。

（3）进度网络计划的优化目标还有费用优化和资源优化。

3.（1）合理。

（2）网架安装方法还有滑移法、整体吊装法、整体提升法、整体顶升法。

（3）网架高空散装法施工的特点还有脚手架用量大，工期较长，需占建筑物场内用地，技术上有一定难度。

4.不成立。

理由：甲供电缆电线未按计划进场属于建设单位原因，但电缆电线安装总时差为3个月，延误的1个月不影响工期，因此索赔不成立。

## 【案例21】

1.还应编制的需求计划包括单位工程进度计划，分阶段进度计划，单位工程准备工作计划，劳动力需用量计划，主要材料、设备及加工计划，主要施工机械和机具需要量计划，主要施工方案及流水段划分，各项经济技术指标要求等。

2.压缩主体结构工程，压缩2d。

压缩室内装修工程，压缩3d。

3.不妥1：中砂含泥量不得大于3%。

理由：中砂含泥量不得大于1%。

不妥2：基层表面的孔洞、缝隙用普通砂浆抹平。

理由：基层表面的孔洞、缝隙应采用与防水层相同的防水砂浆堵塞并抹平。

不妥3：水泥砂浆防水层施工要求一遍成活。

理由：水泥砂浆防水层应分层铺抹或喷涂。（多遍成活）

不妥4：施工完后立即进行保湿养护。

理由：水泥砂浆终凝后应及时进行养护。

不妥5：防水砂浆养护时间为7d。

理由：防水砂浆养护时间应≥14d。

4.（1）正确。

理由：质量验收应在工程完工至少7d以后、工程交付使用前进行。

（2）检测项目还有甲醛、苯、甲苯、二甲苯、氨、氡。

## 【案例22】

1."五牌一图"还包括管理人员名单及监督电话制度牌、安全生产牌、消防保卫牌、文明施工和环境保护牌。

2.不妥1：钢筋保护层厚度控制在40mm。

理由：当基础无垫层时，纵向受力钢筋的混凝土保护层厚度不应小于70mm。

不妥2：钢筋交叉点按照相隔交错扎牢。

理由：须将全部钢筋相交点扎牢。

不妥3：绑扎点的钢丝扣绑扎方向要求一致。

理由：相邻绑扎点的钢丝扣要成八字形，避免网片歪斜变形。

不妥4：上、下层钢筋网之间的拉勾要绑扎牢固，以保证上、下层钢筋网相对位置准确。

理由：基础底板采用双层钢筋网时，在上层钢筋网下面应设置钢筋撑脚，以保证钢筋位置正确。

3.（1）一般事故。

（2）事故调查组还应由有关人民政府、负有安全生产监督管理职责的有关部门、监察机关、工会派人组成，人民检察院派人参加。

4.经常性安全检查的方式还应有:

(1)作业班组在班前、班中、班后进行安全检查。

(2)现场项目经理、责任工程师及相关专业技术管理人员在检查生产工作的同时进行安全检查。

## 【案例23】

1.错误1:施工单位委托第三方测量单位进行施工阶段的建筑变形测量。

正确做法:应由建设单位委托。

错误2:水下灌注混凝土的强度等级为C30。

正确做法:应灌注C35的混凝土。

错误3:灌注时,桩顶混凝土面超过设计标高500mm。

正确做法:灌注时,桩顶混凝土面标高应比设计标高超灌1m以上。

2.(1)必须立即实施安全预案,同时应提高观测频率或增加观测内容。

(2)还包括以下应立即报告委托方的异常情况:

①变形量或变形速率出现异常变化;

②变形量达到或超出预警值;

③周边或开挖面出现塌陷、滑坡情况;

④建筑本身、周边建筑及地表出现异常;

⑤由于地震、暴雨、冻融等自然灾害引起的其他异常变形情况。

3.横道图如下:

| 施工过程 | 施工进度(周) | | | | | | | | | | |
|---|---|---|---|---|---|---|---|---|---|---|---|
| | 2 | 4 | 6 | 8 | 10 | 12 | 14 | 16 | 18 | 20 | 22 |
| 工序1 | ━━━━━ | ━━━━━ | ━━━━━ | ━━━━━ | | | | | | | |
| 工序2 | | | | | ━━━━━ | ━━━━━ | ━━━━━ | ━━━━━ | | | |
| 工序3 | | | | | | | | | ━━━━━ | ━━━━━ | ━━━━━ |

4.(1)8万元费用索赔成立。

理由:建设单位采购的材料进场复验结果不合格属于建设单位原因,由此导致的窝工应由建设单位承担相应责任。

（2）4万元费用索赔成立。

理由：因建设单位要求的重新检验结果合格，所以应由建设单位承担相应责任。

## 【案例24】

1.（1）不正确。

（2）前置条件：应先填写拆模申请（书面申请）；同条件养护试件强度记录应达到规定要求；应经项目技术负责人批准；底模应该在预应力张拉完毕后方能拆除。

2.一般事故。

3.还需要进行焊接工艺评定的参数：焊接材料、焊接方法、焊接位置、焊后热处理。

4.正确做法1：进场小砌块龄期≥28d。

正确做法2：小砌块表面有浮水时不得施工。

正确做法3：单排孔小砌块的搭接长度应为块体长度的1/2。

正确做法4：水平灰缝和竖向灰缝的砂浆饱满度，按净面积算≥90%。

正确做法5：填充墙应在下部墙体砌完14d后进行补砌。

正确做法6：在部分墙体上留置临时施工洞口的净宽度≤1m。

## 【案例25】

1.不妥1：由项目技术部门经理主持编制外脚手架（落地式）施工方案。

正确做法：应由施工单位技术部门组织编制外脚手架（落地式）施工方案。

不妥2：外脚手架（落地式）施工方案经项目总工程师审批。

正确做法：外脚手架（落地式）施工方案应由分公司总工程师（或公司总工程师）审核签字、加盖单位公章。

不妥3：塔吊安装拆卸施工方案签字不全。

正确做法：塔吊安装拆卸施工方案还应有专业承包单位的技术负责人签字。

2.（1）不妥1：消火栓设置在施工道路内侧，距路中线5m。

正确做法：消火栓距路边不宜大于2m。

不妥2：消火栓在建住宅楼外边线距道路中线9m。

正确做法：消火栓距拟建房屋不应小于5m且不宜大于25m。

（2）施工总用水量是11L/s。

(3)施工用主水管的计算管径是93.58mm。

3.(1)不妥1:项目总工程师会同实验员选定混凝土同条件养护试件。

正确做法:应由施工方和监理方共同选定。

不妥2:1、3、5、7、9、11、13、16层各留置1组C30混凝土同条件养护试件。

正确做法:每连续两层取样不应少于1组。

不妥3:脱模后放置在下层楼梯口处。

正确做法:脱模后应放置在浇筑地点旁边的适当位置。

(2)第5层C30混凝土同条件养护试件的强度代表值是31.82MPa。

4.不妥1:施工单位仅对地基承载力进行计算。

正确做法:应增加变形和稳定性计算。

不妥2:塔吊的基础为6m×6m×0.9m。

正确做法:塔吊的基础应≥1m。

不妥3:混凝土强度等级为C20。

正确做法:混凝土强度等级应≥C25。

## 【案例26】

1.施工总进度计划应补充的内容:分期(分批)实施工程的开、竣工日期及工期一览表,资源需要量及供应平衡表等。

2.(1)网络图如下:

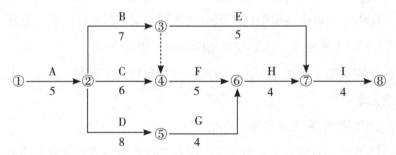

(2)关键线路:A→B→F→H→I;A→D→G→H→I。

(3)总工期=5+7+5+4+4=25(月)。

3.(1)C工作:

施工单位提出的2个月的工期索赔不成立。

理由:变更设计属于建设单位责任,工期应予以顺延。但是C工作总时差为1个月,影响总工期1个月，因此只能提出1个月索赔。

施工单位提出的窝工费27.2万元索赔成立。

理由：变更设计属于建设单位责任，费用由建设单位承担，因此费用索赔成立。

（2）E工作：

施工单位提出的3个月的工期索赔不成立。

理由：百年一遇大暴雨引发的泥石流属于不可抗力因素，工期应予以顺延，但E工作总时差为4个月，不影响总工期，因此工期索赔不成立。

施工单位提出的32.7万元的费用索赔不成立。

理由：百年一遇大暴雨引发的泥石流属于不可抗力因素，现场清理和修复费用由建设单位承担，因此24.5万元可以索赔。施工设备损失应由施工单位自己承担，因此8.2万元索赔不成立。

4.（1）不需要组织专家论证。

（2）该梁最小起拱高度为10.5mm；混凝土浇筑高度为900mm。

## 【案例27】

1.（1）施工准备还应检查的工作：钢构件预检和配套、定位轴线及标高和地脚螺栓的检查、安装机械的选择、安装流水段的划分和安装顺序的确定等。

（2）现场堆放条件：场地平整、有电源、有水源、排水畅通。

2.（1）建筑幕墙与各楼层楼板间的缝隙，应采用不燃材料封堵，填充材料可采用岩棉或矿棉，其厚度不应小于100mm，并应满足设计的耐火极限要求，在楼层间形成水平防火烟带。防火层应采用厚度不小于1.5mm的镀锌钢板承托，不得采用铝板。承托板与主体结构、幕墙结构及承托板之间的缝隙应采用防火密封胶密封。防火密封胶应有法定检测机构的防火检验报告。

（2）检测项目：硅酮结构胶的相容性和剥离粘结性；幕墙后置埋件和槽式预埋件的现场拉拔力；幕墙的气密性、水密性、耐风压性能及层间变形性能。

3.错误1：防水设防不够。

错误2：卷材泛水高度不够。

错误3：阴阳角基层卷材防水未做成圆弧形。

错误4：女儿墙泛水处防水层下没有做附加层。

错误5：卷材收头未做固定处理。

错误6：立面卷材铺贴未压平面卷材。

错误7：立面卷材未做保护层。

错误8：未设置鹰嘴和滴水槽。

4.（1）施工前应对新的或首次采用的施工工艺进行评价，并制定专门的施工技术方案，并且经过正规的审批流程且在交底后执行。材料在进场后还应进行相应项目的复试，复试合格后才能应用到工程当中，必要时还应做样板。

（2）不妥1：施工单位项目负责人主持节能分部工程验收。

不妥2：参加节能分部工程验收的人员不全。

## 【案例28】

1.还应单独编制的专项施工方案包括：基坑支护与降水工程专项施工方案，土方开挖工程专项施工方案，模板工程及支撑体系专项施工方案，起重吊装及起重机械安装拆卸工程专项施工方案，脚手架工程专项施工方案，玻璃幕墙安装工程专项施工方案。

2.（1）"三违"巡查的内容还包括违章指挥和违反劳动纪律。

（2）还可以采用的拆除方法：机械拆除、爆破拆除、静力破碎。

3.（1）不妥1：施工员进行安全技术交底。

不妥2：在卸料平台三个侧边设置1200mm高的固定式安全防护栏杆。

（2）楼层卸料平台上安全防护与管理的具体措施：

①操作平台应通过设计计算，并应编制专项方案。

②操作平台的临边应设置防护栏杆，单独设置的操作平台应设置供人上下、踏步间距不大于400mm的扶梯。

③应在操作平台明显位置设置标明允许负载值的限载牌及限定允许的作业人数，物料应及时转运，不得超重、超高堆放。

④操作平台使用中应每月进行不少于1次的定期检查，应由专人进行日常维护工作，及时消除安全隐患。

## 【案例29】

1.重点控制线路：①→②→③→⑤→⑧→⑩→⑪。

2.不妥1：索赔机械费按台班费计算。

理由：根据相关规定，由于业主或监理工程师原因导致机械停工的窝工费，如是租赁设备，按照租赁费计算；如是自有设备，按照机械折旧费计算。

不妥2：索赔按人工工日单价补偿计算。

理由：根据相关规定，人工窝工费补偿应该按合同中约定的窝工费补偿计算。

3.（1）K工作总时差为2个月。

K工作3个月的延误影响工期1个月。

K工作3个月的工期索赔不成立。

（2）H工作总时差为0。

H工作1个月的延误影响工期1个月。

H工作1个月的工期索赔不成立。

（3）F工作总时差为2个月。

F工作1个月的延误不影响工期。

F工作1个月的工期索赔不成立。

4.重点管理材料A类材料（0~75%）的名称：实木门扇、铝合金窗、细木工板、瓷砖。

次要管理材料B类材料（75%~95%）的名称：实木地板、白水泥。

# 【案例30】

1.强屈比=561/460=1.22，指标不合格。

超屈比=460/400=1.15，指标合格。

重量偏差=（0.816-0.888）/0.888=-8.11%，指标不合格。

2.（1）错误1：基础轴线位置偏差的检查数量不够。

错误2：缺少独立基础的评定。

错误3：缺少垂直度层高>5m的允许偏差及全高的评定。

错误4：缺少垂直度全高的评定。

错误5：缺少标高全高±30mm的评定。

（2）柱、梁、墙的允许偏差合格率=（10-3）/10×100%=70%。

剪力墙的允许偏差合格率=（10-2）/10×100%=80%。

垂直度层高的允许偏差合格率=（10-3）/10×100%=70%。

标高层高的允许偏差合格率=（10-2）/10×100%=80%。

表中正确数据的允许偏差总合格率=30/40×100%=75%。

3.质量通病还有泛碱、咬色、疙瘩、砂眼、漏涂、起皮、掉粉。

## 【案例31】

1.（1）施工企业主要负责人，安全考核资格证书（A）；项目专职安全生产管理人员，安全考核资格证书（C）。

（2）特种作业人员还有起重机械安装拆卸工、起重司机、起重信号工、司索工等。

2.重大危险源控制系统还包括：重大危险源的评价；重大危险源的安全报告；事故应急救援预案；重大危险源的监察等组成部分。

3.不妥1：双排脚手架连墙杆被施工人员拆除了两处。

不妥2：双排脚手架同一区段，上下两层的脚手板堆放的材料均超过3kN/m²。

4.（1）安全事故等级：特别重大事故、重大事故、较大事故、一般事故。

（2）本事故属于一般事故。

## 【案例32】

1.（1）正确。

（2）还可以采用的原材料：中砂、粗砂、卵石、石屑、角砾、圆砾、砂砾等。

（3）施工过程中还应检查夯实时的加水量、夯压遍数、压实系数。

2.（1）出现裂缝的原因还有：混凝土水胶比、坍落度偏大，和易性差；混凝土浇筑振捣差，养护不及时或养护差。

（2）防治方法：①配制合适配合比的混凝土；②确保混凝土浇筑振捣密实，并在初凝前进行二次抹压；③确保混凝土及时养护，并保证养护质量满足要求。

3.（1）"三性试验"：气密性能试验、水密性能试验和抗风压性能试验。

（2）正确做法1：内门采用"先砌后立"，预留洞口的施工方法。

正确做法2：外窗采用膨胀螺栓固定安装方式。

4.正确做法1：工程资料不得随意修改。当需修改时，应实行划改，并由划改人签署。

正确做法2：当为复印件时，提供单位应在复印件上加盖单位公章，并有经办人的签字和日期，提供单位应对资料的真实性负责。

## 【案例33】

1.施工安全检查内容还包括安全防护、设备设施、教育培训、操作行为、劳动防护用品使用、伤亡事故处理。

2.（1）入口制度牌还包括施工现场总平面图、管理人员名单及监督电话牌、环境保护牌、安全生产牌、文明施工牌、消防保卫牌。

（2）现场工人宿舍必须设置可开启式窗户，室内净高≥2.5m，每间宿舍居住人员≤8人。

3.（1）安全检查评定结论有优良、合格和不合格。

（2）本次检查应评定的等级为不合格。

## 【案例34】

1.需要专家论证的项目还有：（1）土方开挖、支护、降水工程；（2）模板工程及支撑体系；（3）起重吊装工程；（4）玻璃幕墙工程；（5）人工挖孔桩工程；（6）内爬式塔吊拆除工程。

2.（1）焊缝产生夹渣的原因：焊接材料质量不好、焊接电流太小、焊接速度太快、熔渣密度太大、阻碍熔渣上浮、多层焊接时熔渣未清除干净等。

（2）处理方法：铲除夹渣处的焊缝金属，然后补焊。

3.此次事故属于较大事故。

4.（1）正确做法：采取降噪措施，办理夜间施工许可证，并公告附近社区居民。

（2）避免或减少光污染的防护措施：夜间室外照明灯应加设灯罩，透光方向集中在施工范围。电焊作业采取遮挡措施，避免电焊弧光外泄。

## 【案例35】

1.组织方式妥当。

2.（1）施工单位的做法不妥当。

（2）复验内容：屈服强度、抗拉强度、伸长率、弯曲性能、单位长度重量偏差。

3.（1）抽检数量：≥5。

（2）总承包单位的做法不妥。

理由：填充墙砌筑完并应至少间隔14d后，再将其补砌挤紧。

4.（1）还应补充：工程使用的主要建筑材料、构配件和设备的进场试验报告；有关施工单位签署的工程保修书。

（2）不妥当。

正确做法：装修分包单位向总承包单位移交资料，由总承包单位汇总后向建设单位移交，监理单位向建设单位移交监理资料。

## 【案例36】

1.（1）高空坠落、物体打击、触电等类型安全事故。

（2）模板支拆施工安全，钢筋加工及绑扎、安装作业安全，混凝土浇筑高处作业安全，混凝土浇筑设备使用安全。

2.（1）依据还有工程特点、工程量及工期要求。

（2）原则还有稳定性、经济性和安全性。

3.（1）厕所：现场厕所地面应硬化，门窗应齐全。现场厕所应设专人负责清扫、消毒，化粪池应及时清掏。厕所大小应根据作业人员的数量设置。

（2）浴室：淋浴间内应设置满足需要的淋浴喷头，盥洗设施应设置满足作业人员使用的盥洗池，并应使用节水器具。

4.（1）不妥1：水管直接埋地穿过临时道路。

正确做法：供水管线穿路处均要套以铁管，并埋入地下0.6m处，以防重压。

不妥2：道路两侧排水沟纵向坡度0.1%。

正确做法：排水沟沿道路两侧布置，纵向坡度不小于0.2%。

不妥3：消火栓最大间距150m。

正确做法：消火栓间距不大于120m。

（2）$d=\sqrt{\dfrac{4Q}{1000\times\pi\times v}}=\sqrt{\dfrac{4\times13.7}{1000\times3.14\times1.5}}=0.10786$（m）=107.86（mm）。

5.（1）至少检测3个点。

（2）不合格。

办公楼属于Ⅱ类民用建筑，甲醛浓度限量为≤0.08mg/m$^3$。

浓度平均值为：(0.10+0.11+0.10+0.09+0.11)/5=0.102mg/m$^3$，大于0.08mg/m$^3$，因此不合格。

（3）民用建筑工程验收时，室内环境污染物浓度现场检测点应距房间地面高度0.8~1.5m，距房间内墙面不应小于0.5m。检测点应均匀分布，且应避开通风道和通风口。

当房间内有2个及以上检测点时，应采用对角线、斜线、梅花状均衡布点，并取各点检测结果的平均值作为该房间的检测值。

## 【案例37】

1.（1）工程施工组织方式还包括依次施工、平行施工。

（2）工艺参数：施工过程、流水强度。

时间参数：流水节拍、流水步距、施工工期。

2.（1）设计要点还包括布置仓库和堆场、布置加工厂、布置场内临时运输道路。

（2）布置施工升降机时还应考虑：地基承载力、地基平整度、周边排水、楼层平台通道、出入口防护门以及升降机周边的防护围栏等。

3.②→⑦进度延误一个月；⑥→⑧进度正常；⑤→⑧进度提前1个月。

4.双代号时标网络图如下：

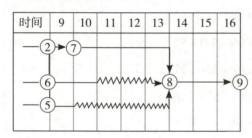 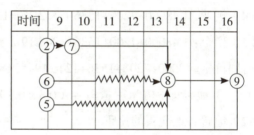

5.（1）主体结构验收工程实体还需具备的条件：

①墙面上的施工孔洞按规定镶堵密实，并作隐蔽工程验收记录；

②楼层标高控线应清楚弹出墨线，并做醒目标志；

③主体分部工程验收前，可完成样板间或样板单元的室内粉刷。

（2）还需参加的人员：施工单位项目负责人，施工单位技术、质量部门负责人。

## 【案例38】

1.不妥1：质量保修金为5%，履约保证金为15%。

理由：在工程项目竣工前已缴纳履约保证金的，建设单位不得同时预留工程质量保证金。

不妥2：履约保证金为15%。

理由：履约保证金不得超过中标合同金额的10%。

不妥3：质量保修金为5%。

理由：质量保修金不得高于工程价款结算总额的3%。

不妥4：钢材指定采购本市钢厂的产品。

理由：不得限定或指定特定的专利、商标、品牌、原产地或者供应商。

不妥5：消防及通风空调专项工程由建设单位指定发包。

理由：建设单位不得直接指定分包工程承包人。

2.分包合同、劳务合同、物资采购合同、租赁合同、借款合同、担保合同、咨询合同、保险合同等。

3.（1）分部分项工程费：48000.00万元。

（2）措施项目费：48000×15%=7200.00（万元）。

（3）其他项目费：1500+1200×3%=1536.00（万元）。

（4）规费：（48000+7200+1536）×2.2%=1248.19（万元）。

（5）税金：（48000+7200+1536+1248.19）×9%=5218.58（万元）。

合同价格=48000+7200+1536+1248.19+5218.58=63202.77（万元）

4.（1）地砖每平方米用量=1÷（0.8×0.8）=1.5625（块/$m^2$）。

（2）地砖各地购买的比重：

A地比重=936÷3900=24%

B地比重=1014÷3900=26%

C地比重=1950÷3900=50%

（3）材料原价=（36×24%+33×26%+35×50%）×1.5625=54.25（元/$m^2$）。

（4）品种、型号、规格、花色、质量要求。

5.（1）建筑企业应与招用的建筑工人依法签订劳动合同，对其进行基本安全培训，并在相关建筑工人实名制管理平台上登记，方可允许其进入施工现场从事与建筑作业相关的活动。

（2）进入施工现场的建设单位、承包单位、监理单位的项目管理人员及建筑工人均纳入建筑工人实名制管理范畴。

## 【案例39】

1.（1）不妥1：专用合同条款编号与相应的通用合同条款编号不一致。

不妥2：双方通过修改合同协议书、专用条款、通用条款签订施工合同。

（2）解释顺序：合同协议书、中标通知书、投标函、专用合同条款、通用合同条款。

2.（1）预付款=（5800–580）×20%=1044.00（万元）。

起扣点=（5800–580）–1044/60%=3480.00（万元）

（2）3月份应当支付的工程进度款=750–750×3%=727.50（万元）。

4月份应当支付的工程进度款=1000–1000×3%=970.00（万元）

5月份应当支付的工程进度款=1400–1400×3%–（3830–3480）×60%=1148.00（万元）

3月份累计支付的工程进度款=（180–5.4）+（500–15）+727.5=1387.10（万元）

4月份累计支付的工程进度款=1387.10+970=2357.10（万元）

5月份累计支付的工程进度款=2357.10+1148.00=3505.10（万元）

3.（1）物资采购合同重点管理的条款还包括数量、包装、运输方式、违约责任。

（2）物资采购合同标的包括的主要内容还有品种、型号、规格、等级等。

4.（1）劳动力计划编制的要求还包括要准确计算工程量和施工期限。

（2）劳动力使用不均衡时还会出现的问题：增加了劳动力的管理成本，带来住宿、交通、饮食、工具等方面的问题。

5.（1）提出设计变更，由建设单位、设计单位、施工单位协商，经由设计部门确认，发出相应图纸或说明，并办理签发手续后实施。

（2）不成立。

理由：建设单位提出设计变更属于建设单位原因，由此造成的费用损失和工期延误由建设单位承担，但人员窝工费按照合同约定的窝工费费用计取，不能按照当地造价部门发布的工资标准计算；塔吊等机械的闲置应该按照折旧费或摊销费计取，不能按照台班费计算。

## 【案例40】

1.（1）安全检查的主要形式还有定期安全检查，季节性安全检查，节假日安全检查，开工、复工安全检查，专业性安全检查。

（2）作业班组安全检查的时间有班前、班中、班后。

2.（1）施工现场布置塔吊时，还应考虑的因素有塔吊的基础设置、周边环境、覆盖范围，塔吊的附墙杆件位置、距离。

（2）塔式起重机的一般项目有附着、基础与轨道、结构设施、电气安全。

3.（1）不妥1：坠落高度超过2m的安装使用梯子攀登作业。

正确做法：坠落高度超过2m的安装，应设置操作平台。

不妥2：施工层搭设的水平通道不设置防护栏杆。

正确做法：钢结构安装施工宜在施工层搭设水平通道，水平通道两侧应设置防护栏杆。

不妥3：作为水平通道的钢梁一侧两端头设置安全绳。

正确做法：当利用钢梁作为水平通道时，应在钢梁一侧设置连续的安全绳，安全绳宜采用钢丝绳。

（2）安全防护栏杆的条纹警戒标示颜色：黑黄或红白相间的条纹。

4.不妥1：项目仅按照项目临时用电施工组织设计进行施工用电管理。

正确做法：装饰装修工程或其他特殊施工阶段，应补充编制单项施工用电方案。

不妥2：现场瓷砖切割机与砂浆搅拌机共用一个开关箱。

正确做法：每台用电设备必须有各自专用的开关箱，严禁用同一个开关箱直接控制两台及两台以上用电设备（含插座）。

不妥3：主教学楼一开关箱使用插座插头与配电箱连接。

正确做法：配电箱、开关箱的电源进线端严禁采用插头和插座做活动连接。

5.（1）空缺评分项：安全耐久、生活便利、健康舒适、环境宜居。

（2）总得分$Q$=（400+90+70+80+80+70+40）/10=83。

（3）不满足绿色三星标准，三星标准要求达到85分。

# 【案例41】

1.（1）工程量清单计价的特点：强制性、统一性、完整性、规范性、竞争性、法定性。

（2）投标报价的编制依据还有：

①《建设工程工程量清单计价规范》；

②国家或省级、行业建设主管部门颁发的计价办法；

③企业定额，国家或省级、行业建设主管部门颁发的计价定额；

④建设工程设计文件及相关资料；

⑤施工现场情况、工程特点及拟定的投标施工组织设计或施工方案；

⑥市场价格信息或工程造价管理机构发布的工程造价信息；

⑦其他的相关资料。

2.（1）质量部门、物资部门、法律部门。

（2）承包范围、造价、质量要求。

3.资质等级、社会信誉、资金情况、施工业绩、履约能力、管理水平。

4.（1）165×（1+15%）×35.68+[236−165×（1+15%）]×30.68=8189.23（元）。

（2）费用增加：8189.23−（165×35.68）=2302.03（元）。

（3）法律法规变化、工程设计变更、项目特征描述不符、工程量清单缺项、计日工、现场签证、不可抗力、提前竣工（赶工补偿）。

5.（1）索赔事项①不成立。

理由：建设单位未及时交付设计图纸属于建设单位应承担的责任。索赔工期9d成立，现场工人窝工补偿费9万元成立；但现场管理人员工资、奖金16万元索赔不成立。

（2）索赔事项②成立。

理由：建设单位延迟30d支付进度款属于建设单位的责任，所以按约定利率索赔利息4.9万元成立。

（3）索赔事项③不成立。

理由：项目部办公室发生2次位置变动属于承包商应承担的责任，该费用已经包括在工程造价中措施费里的临时设施费中，所以索赔重建费用6万元不成立。

# 【案例42】

1.不妥1：要求分包单位与招用的建筑工人签订劳务合同。

正确做法：用人单位应与招用的建筑工人依法签订劳动合同，严禁用劳务合同代替劳动合同。

不妥2：要求分包单位做好农民工工资发放工作。

正确做法：落实工程建设领域农民工工资专用账户管理、实名制管理、工资保证金等制度，推行分包单位农民工工资委托施工总承包单位代发制度。

2.配套的必要生活机构设施还包括超市、医疗、法律咨询、职工书屋、文体活动室。

3.常用高分子防水卷材包括聚氯乙烯、氯化聚乙烯、氯化聚乙烯–橡胶共混及三元丁橡胶防水卷材。

4.（1）常用屋面隔离层材料：干铺塑料膜、土工布、卷材或铺抹低强度等级砂浆。

（2）屋面淋水时间：2h；蓄水时间：24h。

5.（1）保护层；（2）隔离层；（3）保温层；（4）防水层；（5）找平层；（6）找坡层；（7）结构层。

## 【案例43】

1.正确做法1：由电气技术人员编制临时用电组织设计。

正确做法2：总配电箱设在靠近进场电源的区域。

正确做法3：电缆直接埋地敷设穿过临建设施时，套钢管保护。

正确做法4：临时用电施工完成后，经编制、审核、批准部门和使用单位共同验收合格后使用。

正确做法5：对安全隐患及时处理，并履行复查验收手续。

正确做法6：维修临时用电设备时，有专人监护。

2.（1）正确做法1：项目经理是绿色施工组织实施的第一责任人。

正确做法2：施工现场应实行封闭管理。

正确做法3：每周监测体温和健康状况。

正确做法4：现场生活区和办公区应定期投放和喷洒灭虫、消毒药物。

（2）施工单位应对措施：必须要在2h内向施工现场所在地建设行政主管部门和卫生防疫等部门进行报告；应及时进行隔离，并由卫生防疫部门进行处置。

3.管理要点还有：

（1）拆除作业必须由上而下逐层进行，严禁上下同时作业。

（2）连墙件必须随脚手架逐层拆除，严禁先将连墙件整层拆除后再拆脚手架；分段拆除高差≤2步，如高差大于2步，应增设连墙件加固。

（3）拆除的构配件应采用起重设备吊运或人工传递到地面，严禁抛掷。

4.（1）桩基：承载力，桩身完整性。

机械连接现场检验：抗拉强度。

混凝土性能：标准养护试件强度、同条件试件强度、抗渗性能。

围护结构现场实体检验：外墙节能构造。

（2）施工流水段划分、工程量、施工环境。

5.（1）围护结构子分部工程：幕墙节能工程、门窗节能工程、屋面节能工程和地面节能工程。

（2）墙体保温隔热材料进场时需要复验的性能指标：保温隔热材料的密度、压缩强度或抗压强度、垂直于板面方向的抗拉强度、吸水率、燃烧性能（不燃材料除外）。

## 【案例44】

1.偿债能力评价指标还包括借款偿还期、资产负债率、流动比率、速动比率。

2.总包合同实施管理的原则包括依法履约原则、诚实信用原则、全面履行原则、协调合作原则、维护权益原则、动态管理原则。

3.（1）签约合同价=82000+20500+12800+2470+3750=121520.00（万元）。

（2）强制性规定还有使用范围、计价方式、竞争费用、风险处理、工程量计算规则。

4.（1）A方案成本系数=8750/（8750+8640+8525）=0.338；

B方案成本系数=8640/（8750+8640+8525）=0.333；

C方案成本系数=8525/（8750+8640+8525）=0.329。

（2）A方案价值系数=0.33/0.338=0.976；

B方案价值系数=0.35/0.333=1.051；

C方案价值系数=0.32/0.329=0.973。

（3）选择B方案。

5.（1）7d工期索赔成立，5.6万元的费用索赔成立。

理由：特大暴雨属于不可抗力，工期应当予以顺延，按照发包商要求派人留守现场照管工地的费用应当由开发商承担。

（2）4.6万元费用索赔成立。

理由：新材料的试验费属于开发商应当承担的范围，因此费用索赔成立。

（3）68万元费用索赔成立。

理由：脚手架留置时间延长是因为配合开发商施工的，因此属于建设单位责任，费用索赔成立。

（4）垫资利息1142万元索赔不成立。

理由：当事人对垫资没有约定，承包人请求支付利息的，不予支持。

## 【案例45】

1.（1）施工机械设备选择原则：适应性、高效性、稳定性、安全性。

施工机械设备选择方法：折算费用法（等值成本法）、界限时间比较法、综合评分法等。

（2）起重设备和重物的检查项目有机械状况、制动性能、物件绑扎情况。

2.（1）安全生产费用还包括安全教育培训、劳动保护、应急准备等，以及必要的安全监测、检测、论证所需费用。

（2）高处作业项目还包括洞口作业、操作平台、交叉作业及安全防护网搭设。

3.（1）不妥1：项目检测试验计划在施工中编制。

正确做法：应当在施工前组织编制项目检测试验计划。

不妥2：项目检测试验计划报项目经理审批同意后实施。

正确做法：应当报送监理单位审查和监督实施。

（2）项目检测试验计划内容还包括检测试验参数、试样规格、代表批量、施工部位。

4.（1）设定控制指标的用电项还包括生产、生活、办公和施工设备用电。

（2）定期管理内容：计量、核算、对比分析、预防和纠正措施。

5.不妥1：消防立管管径DN100。

理由：管径$d=\sqrt{4\times 16.5/(3.14\times 1.5\times 1000)}$=118mm，因此应为DN125。

不妥2：立管只有1根。

理由：消防竖管的设置位置应便于消防人员操作，其数量≥2根。

不妥3：消火栓接口间距过大。

理由：高层建筑，消火栓接口≤30m，本工程应在四个方向各增设一个消火栓。

不妥4：消防箱包括消防水枪、水带与软管。

理由：消防箱内还应有灭火器。

不妥5：消防水管在结构层设置成环形。

理由：当结构封顶时，才能将消防竖管设置成环状。

不妥6：消防箱数量不足。

理由：每层楼设置点≥2套。

不妥7：楼梯口处未设置消防箱。

理由：每层楼梯处应设置消防箱，且每个设置点≥2套。

# 【案例46】

1.工程总承包项目管理的基本程序还有项目启动阶段、项目初始阶段、采购阶段、试运行阶段、合同收尾阶段、项目管理收尾阶段。

2.（1）可调总价合同。

（2）措施项目费=340+22+36+86+220+105=809（万元）。

预付款=（18060−300）×10%=1776（万元）

3.工程承包人（总承包单位）的主要责任和义务：

（1）承包人应提供总包合同（有关承包工程的价格内容除外）供分包人查阅。

（2）按分包合同的约定，及时向分包人提供所需的指令、批准、图纸并履行其他约定的义务。

（3）向分包人提供与分包工程相关的各种证件、批件和相关资料，向分包人提供具备施工条件的施工场地。

（4）组织分包人参加发包人组织的图纸会审，向分包人进行设计图纸交底。

（5）提供合同专用条款中约定的设备和设施，并承担因此发生的费用。

（6）随时为分包人提供确保分包工程的施工所要求的施工场地和通道等，满足施工运输的需要，保证施工期间的畅通。

（7）负责整个施工场地的管理工作，协调分包人与同一施工场地的其他分包人之间的交叉配合，确保分包人按照经批准的施工组织设计进行施工。

4.（1）劳动力投入量=57600×8/（7×120）=549（名）。

（2）编制劳动力需求计划时，确定劳动效率还应考虑环境、气候、地形、地质、实施方案的特点、现场平面布置、劳动组合、施工机具等因素。

5.（1）【教材已删】包括变更申请、变更批准、变更实施和费用变更控制。只有经过规定程序批准后，变更才能在项目中实施。

（2）还需补充的索赔资料：索赔意向通知书、书面索赔报告、索赔证据、现场签证、原设计图纸、设计变更申请。

# 【案例47】

1.（1）需要进行专家论证的项目：土方开挖、支护、降水工程；人工挖孔桩工程；落地式钢管脚手架工程；爬模工程；混凝土模板支撑工程；建筑幕墙工程；模板及支撑体系；起重吊装及安装拆卸工程等。

（2）排桩支护结构方式还有悬臂式支护结构、锚拉式支护结构、内撑-锚拉混合式支护结构。

2.（1）不妥1：模板底部未设置垫木，未进行遮盖。

不妥2：灯具采用碘钨灯。

不妥3：电锯开关箱距离分配电箱过远（30.5m）。

不妥4：堆场与电杆距离太近。

不妥5：抛光、电锯等部位没有设置防护罩。

不妥6：木工棚设置太简易。

不妥7：现场未设置灭火器。

不妥8：开关箱距离堆垛外缘太近。

（2）停电顺序：用电设备→开关箱→分配电箱→总配电箱。

3.必须向有关部门申请，事先告示，设有标志。

4.（1）正确做法：结构实体检验应由监理单位组织施工单位实施，并见证实施过程；施工单位应制定结构实体检验专项方案，监理单位审批后实施。取样要在监理工程师见证下进行。

（2）结论是不合格。

理由：三个试块的平均强度为30.5MPa，小于30.8MPa（35×88%），因此评定混凝土强度为不合格。

## 【案例48】

1.（1）违法。

（2）双方签订的合同A有效。

（3）签订的合同应与招标文件的相关内容一致，且必须在建设行政主管部门备案。

2.（1）工程图纸会审参加单位：勘察单位、施工总承包单位、专业分包单位。

（2）图纸交底目的：通过理解设计文件意图，最终达到掌握设计文件对施工技术、施工质量、施工标准的要求。

3.（1）制订项目成本计划的依据有：合同文件；项目管理实施规划；价格信息；相关定额；类似项目的成本资料。

（2）施工至第8个月时累计净现金流量为正。

（3）该月累计净现金流量是425万元。

4.（1）合同完工进度为48.08%。

（2）建造合同收入为11444.80万元。

（3）资金供应需要考虑的条件：可能的资金总供应量、资金来源、资金供应时间。

5.（1）招标单位应对工程量清单的完整性和准确性负责。

（2）允许调整情形还包括工程变更、工程量偏差。

（3）承包人报价浮动率=（1−23500/25000）×100%=6%。

综合单价=1200×（1−6%）=1128（元/m²）

总价=1128元/m²×1200m²=135.36（万元）

## 【案例49】

1.根据《建筑工程施工许可管理办法》，总承包单位应根据本工程的特点，制定相应的质量技术措施、安全技术措施，对于专业性较强的工程项目，需编制专项工程施工组织设计、安全施工组织设计，并按规定办理工程质量监督、安全监督手续。

2.不妥之处：项目经理组织编制了项目管理规划大纲和项目管理实施规划。

正确做法：规划大纲是由企业管理层编制。

（2）编制项目管理目标责任书的依据：项目合同文件；组织的管理制度；项目管理规划大纲；组织的经营方针和目标。

3.（1）分别计算方案一和方案二的采购费和存储费之和：

方案一：每次采购数量=1800/6=300（t）。

采购费和储存费之和=$Q/2 \times P \times A + S/Q \times C$=300/2×3500×4‰×6+1800/300×320=14520（元）

方案二：每次采购数量=1800/3=600（t）。

采购费和储存费之和=$Q/2 \times P \times A + S/Q \times C$=600/2×3450×3‰×2×3+1800/600×330=19620（元）

由于方案一采购及存储费用之和最小，所以应该选择方案一。

（2）现金流量表中应包括经营活动，投资活动，筹资活动产生的现金流量。（参考经济教材）

4.（1）预付款=（31922.13−1000）×15%=4638.32（万元）。

工程预付款起扣点=（31922.13−1000）−（4638.32/65%）=23786.25（万元）

（2）总承包单位的购置钢筋占用费1.88万元、利润18.26万元索赔成立。

5.（1）不妥1：劳务分包单位进场后，总承包单位要求劳务分包单位将劳务施工人员的身份证等资料的复印件上报备案。

正确做法：劳务分包单位应在进场前进行备案工作。

不妥2：某月总承包单位将劳务分包款拨付给劳务公司，劳务公司自行发放，其中木工班长代领木工工人工资后下落不明。

正确做法：总承包企业或专业承包企业支付劳务企业劳务分包款时，应责成专人现场监督劳务企业将工资直接发放给农民工本人。

（2）报总承包单位备案的资料还包括进场施工人员花名册、劳动合同文本、岗位技能证书复印件等。

## 【案例50】

1.（1）项目资源管理工作还包括人力资源管理、机械设备管理、技术管理和资金管理。

（2）资源管理计划还应包括建立资源管理制度，编制资源使用计划、供应计划和处置计划，规定控制程序和责任体系。

2.（1）正确做法1：材料加工场地布置在场内。

正确做法2：现场宜设置两个以上出入口。

正确做法3：主干道宽度为单行道≥4m，双行道≥6m，消防车道≥4m。

正确做法4：消防车道转弯半径不宜小于15m。

正确做法5：临时用电线路与临时用水管线分开设置。

（2）常用硬化方式：混凝土硬化、钢板、碎石。

（3）防护措施：防尘网覆盖、碎石覆盖、固化、绿化洒水等。

3.（1）正确做法1：临时用电组织设计及变更必须由电气工程技术人员编制。

正确做法2：应经具有法人资格企业的技术负责人批准，现场监理签认后实施。

（2）临时用电工程必须经编制、审核、批准部门和使用单位共同验收，合格后方可投入使用。

4.可以推广与应用的新技术包括高强钢筋应用技术、钢筋焊接网应用技术、大直径钢筋直螺纹连接技术、无粘结预应力技术、有粘结预应力技术、索结构预应力施工技术、建筑用成型钢筋制品加工与配送技术、钢筋机械锚固技术等8项子技术。

5.（1）不符合之处：经项目技术负责人安全验算后批准用塔吊起吊。

理由：塔吊机械不得超荷载和起吊不明质量的物件。特殊情况下必须使用时，必须经过验算，经企业技术负责人批准，且要有专人现场监护，但不可超过限载的10%。

（2）在试吊时，必须进行的检查：机械状况、制动性能、物件绑扎情况等。

## 【案例51】

1.不妥1：市建委指定了专门的招标代理机构。

理由：根据《中华人民共和国招标投标法》规定，任何单位和个人不得以任何方式为招标人指定招标代理机构。

不妥2：建设单位进行了一对一的书面答复。

理由：建设单位对于招标过程中的疑问应以书面的形式向所有招标文件的收受人发出。

不妥3：评标委员会最终确定E单位中标。

理由：根据《中华人民共和国招标投标法》规定，招标人根据评标委员会提出的书面评标报告和推荐的中标候选人确定中标人。招标人也可以授权评标委员会直接确定中标人，没有授权的不能直接确定。

2.（1）中标造价=（16100+1800+1200）×（1+1%）×（1+3.413%）=19949.40（万元）。

（2）工程造价可划分为投资估算、概算造价、预算造价、合同价、结算价、决算价。

（3）该中标造价属于合同价。

3.（1）安全文明施工费最低161.00万元。

理由：本工程工期在1年以内，最低预支付该项目费用的50%。

（2）安全文明施工费包括安全施工费、文明施工费、环境保护费、临时设施费。

4.项目安全生产领导小组成员还包括专业承包和劳务分包单位的项目经理、技术负责人和专职安全生产管理人员。

5.（1）共计6个月。

（2）E单位诉讼成立。

（3）可以行使的工程款优先受偿权为560万元。

## 【案例52】

1.主要步骤：（1）建立场区控制网；（2）分别建立建筑物施工控制网；（3）以建筑物平面控制网的控制点为基础，测设建筑物的主轴线；（4）根据主轴线再进行建筑物的细部放样。

2.不妥1：项目经理部编制防火设施平面布置图后，立即交由施工人员按此进行施工。

正确做法：项目经理部编制防火设施平面布置图后，应报公安监督机关审批或备案。

不妥2：在基坑上口周边四个转角处分别设置了临时消火栓。

正确做法：东西向各增设1个临时消火栓。

不妥3：在60m²的木工棚内配置了2只灭火器及相关消防辅助工具。

正确做法：应至少配备3只种类适宜的灭火器。

3.节水方面的技术要点：

（1）施工中采用先进的节水施工工艺。

（2）现场搅拌用水、养护用水应采取有效的节水措施，严禁无措施浇水养护混凝土。现场机具、设备、车辆冲洗用水必须设立循环用水装置。

（3）项目临时用水应使用节水型产品，对生活用水与工程用水确定用水定额指标，并分别计量管理。

（4）现场机具、设备、车辆冲洗、喷洒路面、绿化浇灌等用水，优先采用非传统水源，尽量不使用市政自来水。力争施工中非传统水源和循环水的再利用量大于30%。

（5）保护地下水环境。

4.保证项目：安全装置、限位装置、防护设施、附墙架、钢丝绳、滑轮与对重、安拆、验收与使用。

一般项目：导轨架、基础、电气安全、通信装置。

5.导致地面局部下沉的原因：土的含水率过大；填方土料不符合要求；碾压或夯实机具能量不够。

处理方案：（1）凿开混凝土面层，将含水率高的土晾晒或掺入石灰、碎石后夯实；（2）待土体稳定后再用大功率夯实机具再次夯实；（3）重新浇筑地面混凝土面层。

## 【案例53】

1.项目经理还应具有下列权限：（1）参与项目招标、投标和合同签订；（2）参与组建项目经理部；（3）主持项目经理部工作；（4）制定内部计酬办法；（5）参与选择并使用具有相应资质的分包人；（6）参与选择物资供应单位；（7）在授权范围内协调与项目有关的内、外部关系；（8）法定代表人授予的其他权力。

2.（1）总成本=26168.22+4710.28+945.58=31824.08（万元）。

（2）成本管理还应包括成本计划、成本控制、成本核算、成本分析、成本考核。

3.（1）施工总承包单位钢筋价款可以调整。

理由：合同规定当实际工程量增加或减少超过清单工程量的5%时，合同单价予以调整。本工程减少量=（9600−10176）/10176=−5.66%＜−5%，因此需要调整。

调整后钢筋价款=9600×5800×1.05/10000=5846.40（万元）

（2）施工总承包单位土方价款可以调整。

理由：合同规定当实际工程量增加或减少超过清单工程量的5%时，合同单价予以调整。本工程增加量=（30240-28000）/28000=8%＞5%，因此需要调整。

调整后土方价款=[28000×1.05×32+（30240-28000×1.05）×32×0.95]/10000= 96.63（万元）

4.不妥1：普通混凝土小型空心砌块在使用时充分浇水湿润。

正确做法：普通混凝土小型空心砌块施工前不宜浇水。

不妥2：芯柱砌块砌筑完成后立即进行该芯柱混凝土浇灌工作。

正确做法：砌筑砂浆强度大于1MPa时，方可浇灌芯柱混凝土。

不妥3：外墙转角处的临时间断处留直槎，砌成阴阳槎，并设拉结筋。

正确做法：墙体转角处和纵横交接临时间断处应砌成斜槎。

5.应当补充的质量合格文件的签署单位还包括勘察、设计、施工、工程监理等单位。

## 【案例54】

1.钢筋加工除调直和除锈外，还有钢筋下料切断、接长、弯曲成型。

2.不妥之处：钢筋安装完成后，施工单位第一时间通知监理单位进行钢筋隐蔽工程验收。

正确做法：施工单位应先进行自检，自检合格后再通知监理单位验收。

3.不妥之处：砌体与构造柱的连接处采用先浇柱后砌墙的施工顺序。

正确做法：砌体与构造柱的连接处应先砌墙后浇柱。

4.正确做法1：主体结构与临时消防设施应同步设置，差距不超过3层。

正确做法2：消防设施应采用红色提示标志。

正确做法3：消防竖管严禁用作施工用水管线。

5.正确做法1：应当由总监理工程师组织并主持节能分部工程验收。

正确做法2：节能分部工程验收，还需要施工单位技术负责人，设计单位项目负责人及主要设备、材料供应商参加。

## 【案例55】

1.（1）建筑施工图：总说明，建筑平面图、剖面图、立面图，节点详图。

（2）结构施工图：总说明，结构平面图，配筋图，节点详图。

2."包死价"的种类、风险范围、风险费用的计算方法、竣工结算方式和时间、违约条款。

3.现场文明、安全有序、整洁卫生、不扰民、绿色环保。

4.（1）项目措施费=（1800+3000+3300+1200）×16%=1488（万元）。

（2）安全文明施工费=（1800+3000+3300+1200）×6%=558（万元）。

（3）签约合同价=[（1800+3000+3300+1200）+1488+100+200×（1+5%）]×（1+2.05%）×（1+9%）=12345（万元）。

5.（1）E设备：$C_E$=（3200+560×8）/（120×8）=8（元/m³）。

F设备：$C_F$=（3800+785×8）/（180×8）=7（元/m³）。

G设备：$C_G$=（4200+795×8）/（220×8）=6（元/m³）。

所以应选择G设备。

（2）施工机械设备选择原则还有适应性、高效性、稳定性和安全性。

6.（1）投入的劳动力=3000/（20×5）=30（人）。

（2）编制劳动力需求计划时需要考虑的因素还有持续时间、班次、每班工作时间、设备能力的制约，以及与其他班组工作的协调。

## 【案例56】

1.施工企业安全生产管理制度内容还有安全费用管理，施工设施、设备及劳动防护用品的安全管理，施工现场安全管理，应急救援管理，生产安全事故管理，安全考核和奖惩等制度。

2.（1）架体基础、交底与验收、架体防护、通道。

（2）保证项目应包括施工方案、架体基础、架体稳定、杆件锁件、脚手板、交底与验收。

一般项目应包括架体防护、构配件材质、荷载、通道。

3.混凝土浇筑过程的安全隐患主要表现形式还有：

（1）高处作业安全防护设施不到位；

（2）机械设备的安装、使用不符合安全要求；

（3）过早地拆除支撑和模板。

4.（1）改正1：顶棚应不低于A级。

改正2：隔断应不低于$B_1$级。

改正3：其他装饰材料应不低于$B_2$级。

（2）①四个等级。

②A—不燃；$B_1$—难燃；$B_2$—可燃；$B_3$—易燃。

5.（1）检测抽检量要求：

①抽检量不得少于房间总数的5%，每个建筑单体不得少于3间，当房间总数少于3间时，应全数检测；

②民用建筑工程验收时，凡进行了样板间室内环境污染物浓度检测且检测结果合格的，其同一装饰装修设计样板间类型的房间抽检量可减半，并不得少于3间；

③幼儿园、学校教室、学生宿舍、老年人照料房屋设施室内装饰装修验收时，抽检量不得少于房间总数的50%，且不得少于20间。当房间总数不大于20间时，应全数检测。

（2）符合要求。

6.（1）不符合要求。

（2）氡、甲醛、氨、甲苯、二甲苯。

## 【案例57】

1.施工总承包工程内容通常还包括给排水、采暖、消防、燃气、机电安装、园林景观及室外管网等全部或部分。

2.预付备料款：（12500-1000）×25%=2875.00（万元）。

起扣点：（12500-1000）-2875.00/70%=7392.86（万元）。

3.内容包括：统一管理、分级负责；归口协调、流程管控；资金集中、预算控制；以收定支、集中调剂。

4.总成本增加：9500-9200=300.00（万元）。

公司管理费增加：300.00×10%=30.00（万元）。

利润增加：（300.00+30.00）×5%=16.50（万元）。

索赔值：300.00+30.00+16.50=346.50（万元）。

5.（1）项目施工机械设备的供应渠道有企业自有设备调配、市场租赁设备、专门购置机械设备、专业分包队伍自带设备。

（2）机械设备使用成本费用中固定费用有折旧费、大修理费、机械管理费、投资应付利息、固定资产占用费等。

6.（1）3.5万元不成立；

（2）25万元成立；

（3）12万元成立；

（4）8万元成立；

（5）1.5万元不成立。

## 【案例58】

1.（1）评标小组的做法正确。

（2）不可作为竞争性费用：安全文明施工费、规费、税金。

2.（1）土石方分项工程综合单价=（8.4+12+1.6）×（1+15%）×（1+5%）=26.57（元/m³）。

（2）中标造价=（8200+360+120+225.68）×（1+3.41%）=9209.36（万元）。

（3）预付款=（9209.36–50）×10%=915.94（万元）。

3.程序包括合同评审、合同订立、合同实施计划、合同实施控制、合同管理总结。

4.应提交的备案资料：分包单位劳务作业人员的花名册、身份证、劳动合同文本和岗位技能证书复印件。

5.处理方法有：回收利用；减量化处理；焚烧；稳定和固化；填埋。

6.（1）索赔不成立。

（2）索赔的起因：业主违约；合同错误；合同变更；工程环境变化；不可抗力因素。